体 验 钢 笔 笔 尖 下 的 黑 白 世 界

钢笔画手绘风景园林步步学

丁 方 著

化学工业出版社
·北京·

本书手绘对象分为植物、园林小品、圆冶释义、筑山理水、城市微缩景观、配景、园艺风格，最后介绍了彩色钢笔画风光大片等。本书从讲述植物的生长习性与种类、园路、园林建筑等各种园林基础知识点、各种配套辅助景色等方面入手，详细讲述步骤和要领，易于操作模仿，实用性较强。

本书适用于广大美术爱好者以及有一定美术基础的初学者，也可作为风景园林规划与设计、建筑学、城市规划、环境艺术等各设计专业相关院校的绘画教材。

图书在版编目（CIP）数据

钢笔画手绘风景园林步步学 / 丁方著. —北京：化学工业出版社，2019.1
ISBN 978-7-122-33248-6

Ⅰ.①钢… Ⅱ.①丁… Ⅲ.①园林设计－景观设计－风景画－钢笔画－绘画技法 Ⅳ.①TU204

中国版本图书馆CIP数据核字（2018）第249181号

责任编辑：李仙华　　装帧设计：张辉
责任校对：王鹏飞　　版式设计：丁 方

出版发行：化学工业出版社(北京市东城区青年湖南街13号 邮政编码100011)
印　装：北京新华印刷有限公司
710mm×1000mm 1/12　印张 13　字数 220 千字　2019年 3 月北京第 1 版第 1 次印刷

购书咨询：010-64518888　　售后服务：010-64518899
网　址：http://www.cip.com.cn
凡购买本书，如有缺损质量问题，本社销售中心负责调换。

定　价：49.80元

序言

艺术创作讲究灵性。灵性是一种很生动的状态，能够体现出画者的精神风貌，也能体现出艺术所表达的精神内涵。有的时候，看见路边的一棵树，我们都会说它有灵性。把最本质的日常生活元素植入到我们的作品当中，就会让作品彰显着一种灵性，也就是我们日常所说的生动。捕捉生活当中最精彩的具有灵性的生活点滴，用心观察自然生态，就会为我们的创作提供良好的源泉和元素。比如将罕见动植物、少数民族纹饰、特色建筑、壁画与石窟造像等用钢笔记录下来，在接触多元文化后进行不断地碰撞和交流学习的过程当中，冲撞了创作者的心灵，使画家释放出最大的才华。

钢笔画使用工具极为简单，一支笔、一张纸，就能随手记录大千世界。这是“懒人”喜欢的绘画种类，很多人同我一样，钟爱画钢笔风景画，久而久之，便成了一种习惯。这种习惯的养成对各种设计专业的从业者很有帮助，因为手绘是学习模仿以及自我思路修复与整理的过程。

美，源自生活。钢笔画风景所体现的审美倾向是线条和生命的活力表现。钢笔画的线条总是以自己特有的简洁来表现被描绘的对象，它既是线条相互关系处理的结果，也是主观情感外在流露的形式。一花一世界，钢笔画完全通过线条的反复运动、组合，获得对物体的具象形式，属于绝对运动的视觉感知，来不得半点偷懒。然而，它也不需要用过多细节的渲染来表现物体，而是用概括的手法，抓住物体的典型特征来刻画，主观展示画者的情感倾向以及对事物的再创造能力。钢笔画风景讲究一气呵成，更侧重速写。同样的钢笔，同样的风景，出自不同的绘画者，最终效果可能完全不同。因此，钢笔画风景更多意义上是画家个性的体现，每一幅作品都具有偶然性。

书中是我多年绘画经验的总结，也展示了很多速写与创作，有步骤，有讲解，成图和范画也适合临摹。书中从单体植物入手，综合考虑各种植物品种和园林样式，突出实例展示，循序渐进，风格多元，知识点全面且易于模仿，希望能够对热爱钢笔画风景的朋友们有所帮助，同时也感谢为此书给出帮助的专家（排名不分先后）：建筑师王晓东，同济大学陈健、刘秀兰、刘辉教授，张丹、陈莹、陆佳等。同时也十分感谢化学工业出版社的编辑。

丁方

2018年10月

目 录

第8章 风光大片 /134

钢笔画前的准备工作

简述钢笔画

钢笔画最早出现在中世纪，19 世纪末钢笔画在欧洲国家得到普及，不少绘画大师都将钢笔画作为速写和搜集素材的工具。如今，风景园林规划与设计、建筑学、环境艺术设计、城市规划以及美术学院的师生和广大美术爱好者普遍用钢笔画风景。

钢笔画艺术特点

钢笔画使用硬质笔尖和汲取墨水作画，必然使得它与其他画种有着不同的审美特点。钢笔画无法像铅笔、炭笔和水墨毛笔那样靠自身材料的特点画出浓淡相宜的色调，钢笔画在纸上的画痕深浅一致，在色阶的使用上也有限，它缺乏丰富的灰色调。因此，将钢笔画归于黑白艺术之列。在忽略了色调、光线等形体造型元素后，线条成为钢笔画最活跃的表现因素。用线条去界定物体的内外、轮廓、姿态、体积，这是最简洁直观的表现形式。

钢笔画所需材料

钢笔画所需材料也很简单，只需要一支好用的弯头美工钢笔、若干针管笔、一瓶墨水和一块擦笔尖布、一个画板、一支非常软的铅笔（辅助用于打草图）和一块软橡皮（用于最后擦去铅笔画的线条）即可。由于这种工具特点，钢笔画可以随时练习、写生、记录，这也是钢笔画被设计师广泛采用的原因之一。

用纸选择多元，素描纸、速写纸、卡纸等都可，原则是耐用不渗墨，落笔光滑不卡顿。

新买的钢笔一般要用温水泡几个小时，特别是一般钢笔为了保护笔尖会在笔尖处涂蜡，不泡掉会导致出水不畅，但水温不能太高（注意只能笔尖泡，也可以把水吸进去泡，可以清洗里面的灰尘，避免堵）。高端钢笔一般不存在这种问题。泡完之后尽量自然风干，然后再上墨水，第一次上墨水的时候可以多上几次，才可以上满。刚上完墨水之后出水会比较充沛，用一段时间，让墨水在钢笔毛细被充分吸收，会变得均匀。不要太畏惧碳素墨水，碳素墨水是性能较好的墨水。

钢笔画风景的表现技法

(1) 线描。即以线为主的造型方法。线描具有简洁质朴的特点，用线来界定画面形象与结构， 是一种高度概括的抽象手法。风格化的线描一般注重线的神韵，或凝重质朴或空灵秀丽，在画面形式上线描注重线的疏密对比与穿插组织。利用弯头钢笔的优美弧度，尤其适合表现曲线优美的单株植物。

(2) 明暗。由于钢笔具有不易修改的特点，运用钢笔画要注意对明暗基调和对比的准确把握。画面中较清晰的物体要通过一定的对比反衬才能显现出来，对比越强烈物体越清晰。

(3) 点线排列法。钢笔画是创作轮廓画法作品的一个特别适合的工具，它的线条能适当表现物体的形状和纹理。利用轮廓线条，同时用点、横线、竖线、弧线的排列与组合，通过线条的交错来勾画色块及明暗的方法即为点线排列法。此画法用途广泛，尤其适合表现砂砾、碎石等。

(4) 反白法（黑底法）。勾勒的工具可用小毛笔或鸭嘴笔，类似黑白版画效果，适合于表现夜景、深色调的景物以及特定气氛的场景，也适合表现水景。

(5) 钢笔淡彩。即在钢笔画的基础上施以淡彩。在钢笔淡彩中钢笔线条是画面的主要造型手段，而施以淡彩则是对画面的一种补充，也就是说用淡彩进行着色前钢笔稿应该画得相对充分而准确。用色彩表现风景更是锦上添花，但应注意与钢笔线条的结合，并要防止钢笔线条的晕染，注意勾线的边界清晰。

(6) 钢笔线条与毛笔渲染混合法。将墨水冲淡，调成三到四种以上的层次的黑色，装入各色瓶中，贴上标签，代号为焦、浓、重、淡，同时吸进几支钢笔中。在作画过程中，从浅到深，分步深入，完全打破了传统的黑白两极分化的画面效果。

本书采用循序渐进的方法来进行风景钢笔画的画法展开。由简至繁，也就是先从画种类单一的物体入手，主要是把生活中的物体概括成圆形、方形、三角形来进行写生练习；通过一段时间后再过渡到画较为复杂的组合形体。由静到动，先画相对静止的物体，从慢写入手，再逐步过渡到画动势的大场景风景，加大难度，培养画者的观察力、想象力。

第1章

植物

纳千顷之汪洋，收四时之烂漫。

梧阴匝地，槐荫当庭；

插柳沿堤，栽梅绕屋；

结茅竹里，浚一派之长源；

障锦山屏，列千寻之耸翠。

——计成《园冶》

1.1　花朵

一招分辨杏花、桃花、梨花、李子花、樱花、海棠花、梅花

杏花，花色白，白里透红。它含苞的时候呈微微红色，随着盛开而逐渐变白，其花萼连同枝条一直都是深红色。若还不能辨认，记住其花萼是往后翻的即可。可从花萼处下笔画出花朵形态。

桃花，呈胭红。开花的时候叶子也一起生长，只要看一下叶子如燕尾，一般就是桃花了。可略施明暗画出胭红效果。

梨花，白得很纯粹，没有红色干扰。梨花成簇开放，花蕊上的花药为红色或紫色。可用简单线条描绘。

李子花，花小，成堆开放，有碎花感觉，有时候看到一根树枝上全是白色花，密密麻麻。可用繁密的笔触画成簇状的花朵。

海棠花与樱花很相似，虽然树形、叶子等有差异，但若只看花，樱花的特点是花瓣瓣尖有个缺口。画时注意此特点。

梅花，花期比杏花早半个月以上，开放的时候没有叶子，连个叶芽都看不到。画时侧重刻画其花朵。

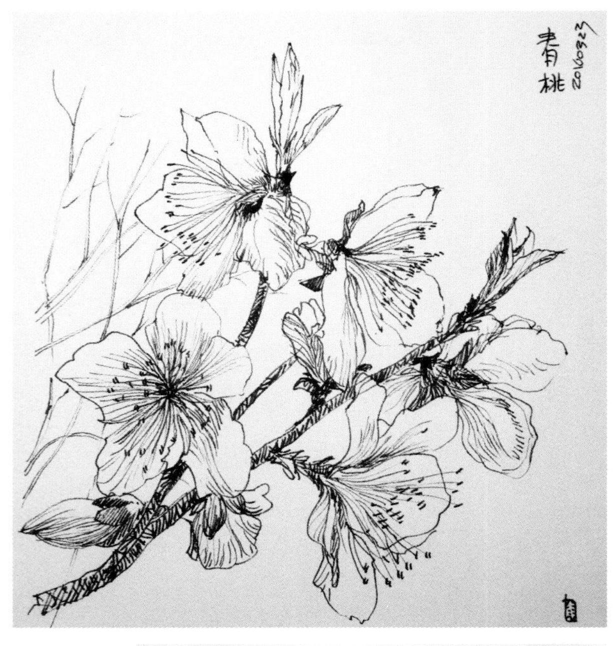

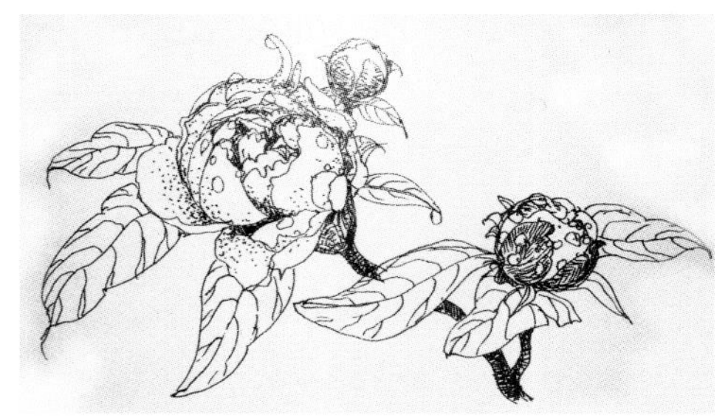

左下：玉兰花
中下：茉莉花
右上：春桃花
右中：牡丹
右下：梅花

案例
盛开的六出花

作画知识点

- 草本植物的画法
- 花蕊的画法

六出花，也叫智利百合、秘鲁百合等，是石蒜科。六出花属多年生草本，原产智利，高60～120厘米。花朵像杜鹃又像水仙，茎和叶子则像百合花。

步骤1

用弯头钢笔勾勒六出花的外形，构图为三角形。

步骤2

先用较重的、十分肯定的笔法画出花蕊。

步骤3

画画，宁方勿圆。将花朵理解为锥体，先从花柄部分上明暗。

细节放大

斜线画出暗部。

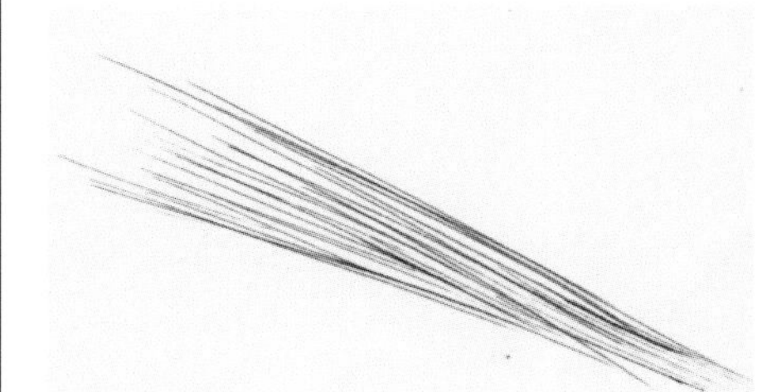

步骤4

将明暗逐渐延伸至花瓣和叶片。用较稀疏的笔触画出花瓣的中间灰调子。

◎ 完成

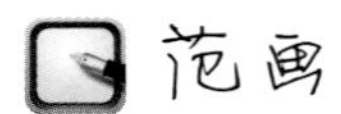

花画

左上：花和蜜蜂
左下：百合
右上、右下：兰花
（王晓东）

菊花
睡莲
大丽花

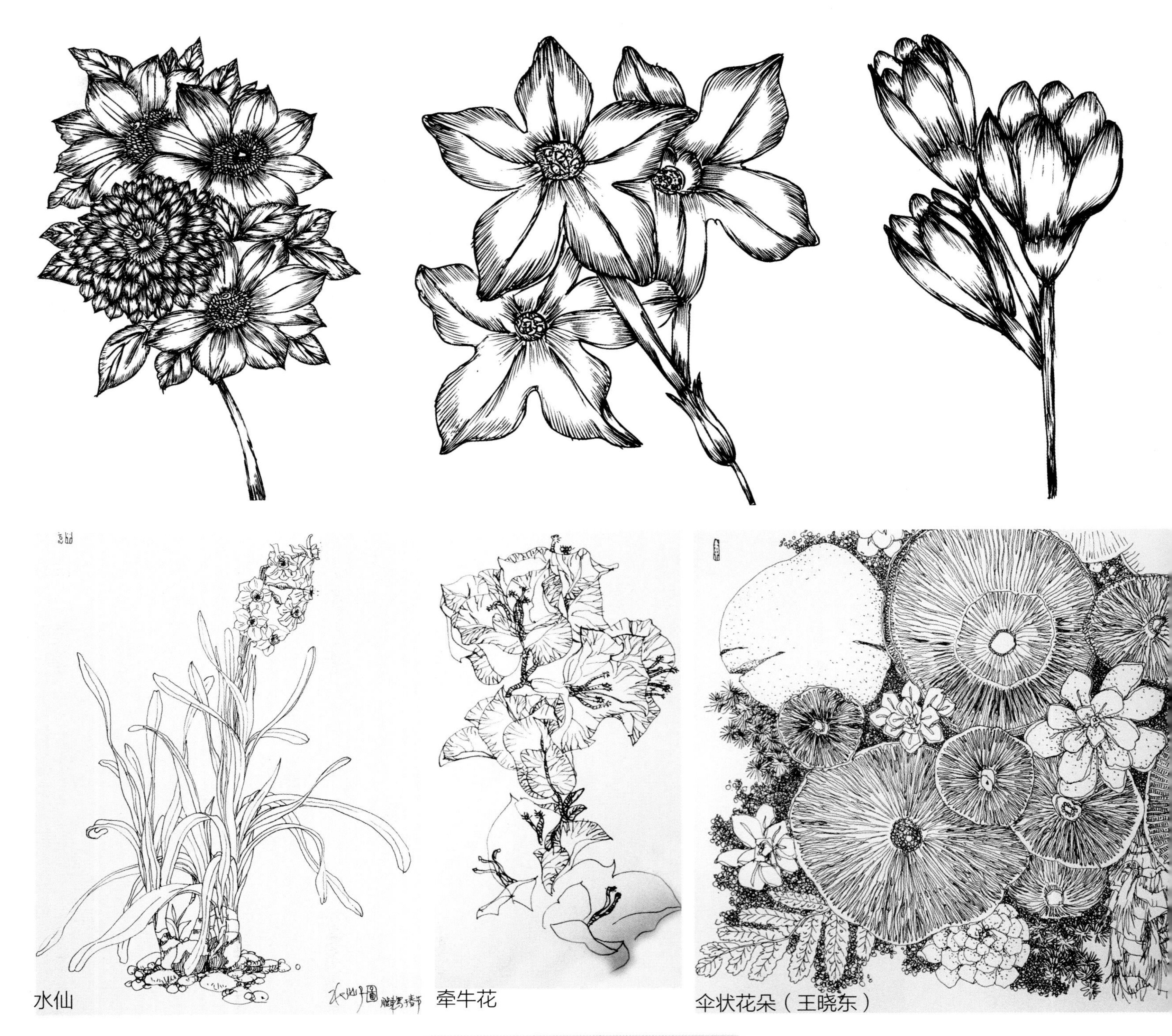

水仙

牵牛花

伞状花朵（王晓东）

1.2 灌木杂草

灌木，无明显主干的木本植物。植株一般矮小，近地面处枝干丛生，均为多年生。杂草，“杂”原指颜色不纯，或无章、驳杂、纷乱等。灌木和杂草没有固定的形可抓，用钢笔画表现时似乎没有规律可循。

面对灌木杂草，首先不要去关注细节。一定要从整体着眼，控制好大关系。将繁枝分成若干组，在表现每一组的同时，时刻要知道所表现的永远是整体中的单体。

表现灌木杂草可采用“留”的画法，即反画法。层层进行，注意笔尖的细度。在画面大关系中，灌木杂草受环境、光线及人为因素等影响，同时与周围景物形成对比，这些是表现好灌木杂草特质的外延因素。

注意受光与背光的关系。受光面中交错的杂草以及杂草与其他物体的相互关系，都要事先照顾到位。背光面中的杂草，也就是处于暗部的杂草，灰亮部分也要先留出来，先处理深色调的暗部，然后再进行灰亮调的处理。用断续的线勾勒出所表现物体的背光一侧的轮廓，

然后，再用断续的线勾勒背后灌木枝干轮廓。同时，要特别注意预留出相互交错的“受光体”，以便进行接下来的详细“处理”。

灌木杂草，能刻画到堆丛里的第三层以后，它在画面上的层次效果就已经很丰富了。同时，还要注意灌木杂草丛与丛的前后关系，以及细草叶细灌木枝条的相互穿插、交汇、长势的关系。

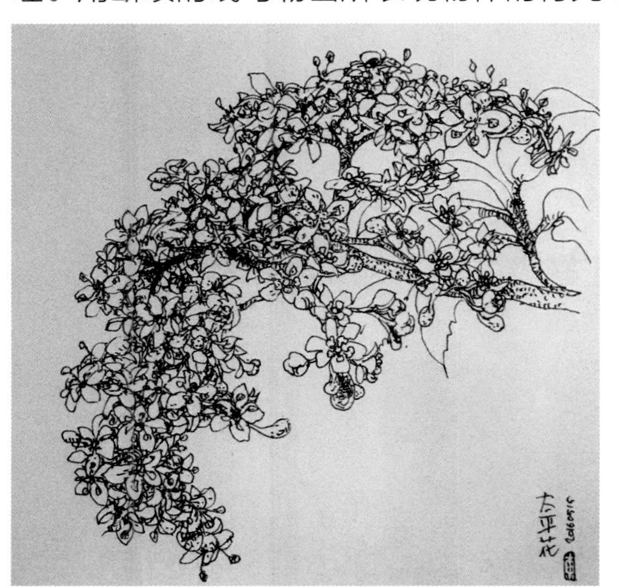

1.3 树木果实

树的表现要根据它的姿态来进行。虽然树的形态各不相同，但树木本身所具有的特点还是共通的。无论是什么形式的树，其主枝干分叉后，所形成的若干条枝干的直径相加，等于分叉前的枝干的直径，掌握好这个规律，就可以使纷乱的枝条得以控制。

树木的表现允许在写实基础上作适当抽象，使树木表现更简练，形象更突出，这种方法称为程式化。

在线条组合和树形处理时，作适当夸张和抽象，使它带有图案装饰性，使树木特征更明确，线条更流畅。

画群树并列时，要注意疏密大小、前后远近、高低浓淡的相互关系；要注意前后穿插，构图上应相互呼应、互有穿插、有斜有直、疏密相间。多树排列布置时，应避免等距离排列，最好能疏密自然相间，在枝叶上又相互交叉，使画面既统一又富有变化。

树叶的形状有针叶和阔叶之分。不同的树种，其树叶的大小、形状和结合形式不同。如针叶树可用线条排列表现树叶。不必一枝一叶地刻画，要把树木看成整体；注意它的体积感，还要画出透过枝叶的空隙以及透露的背面枝叶。

冬青或黄杨等常绿灌木组成绿篱作树木陪衬。画绿篱，不用一棵棵去表示，而要大片地画。为了表现质感，常用较长些的弯曲线条，加上稀密、粗细、曲直不同的枝干，并留出一些空白以表示叶簇的高光。

榕树

古树开路（王晓东）

案例
嫩绿的榉木树叶

作画知识点

- 叶子的画法
- 脉络、纹理和锯齿的画法

步骤1

用铅笔起稿，画出叶脉外在轮廓。

步骤2

独线不成形，几条线在一起就应分清主次。从画面整体考虑，使画面在线条分布方面有疏密变化，在物象与空间、形状与面积方面有大小对比。

步骤 3

线条疏密的绘制方法随叶脉走向而定。

步骤 5

用背景反衬前景。

步骤 4

笔随形转。画叶子并没有固定画法。

◎ 完成

范画

一树秋叶（王晓东）

辐射状植物（陈健）

龟背竹（陈健）

案例
日本柳杉

作画知识点

- 针叶林叶子的画法
- 老树纹理的画法

日本柳杉，松柏门中柏科植物，因其永远保持矮小的灌木状而备受欢迎。

步骤 1

用钢笔起稿，画出杉树外在轮廓和叶脉走势。

步骤 3

用短小笔触画其密簇的叶子。

步骤 2

用垂直线条画杉树树干部分。树干端直，树形整齐。

步骤 4

加强明暗效果，注意日本柳杉体积感的表现，树干要表现出苍老的效果。

步骤 5

借画横向树干体现叶子的形态，叶子大部分留白。

◎ 完成

玄武湖古树（王晓东）

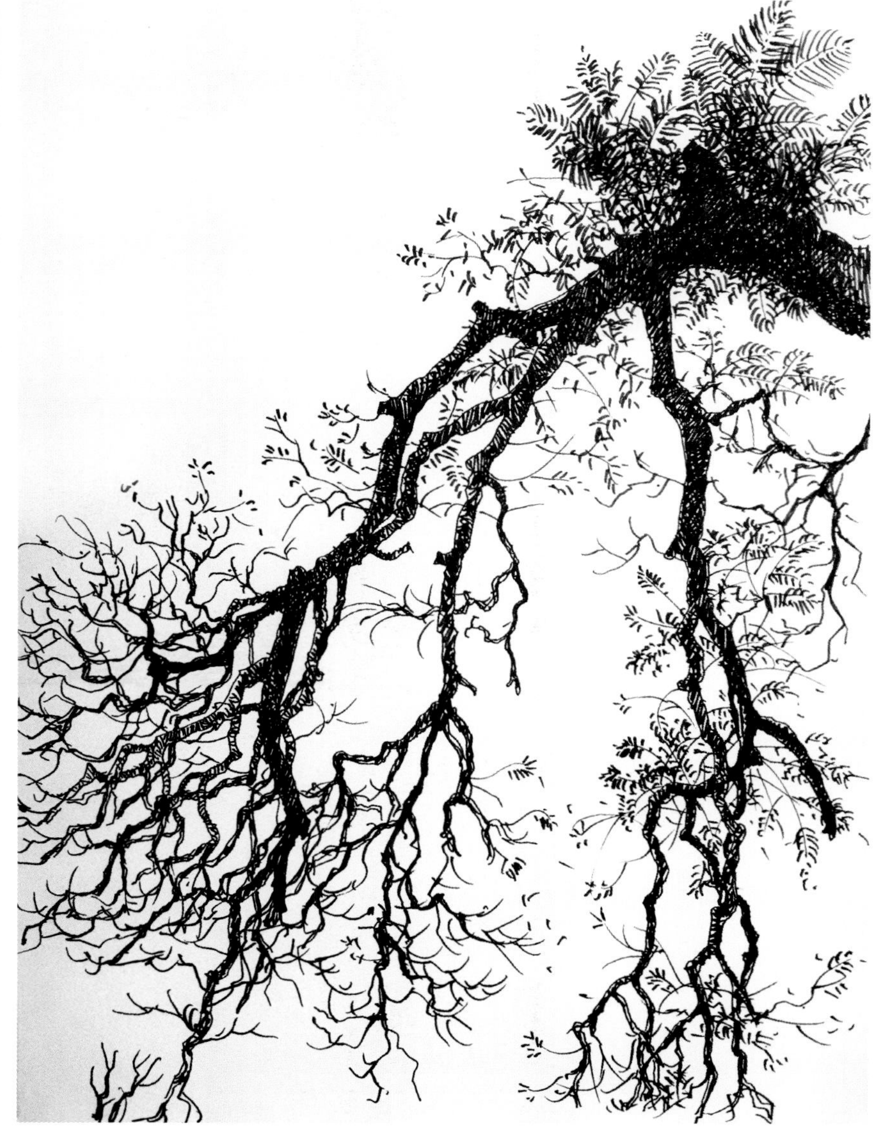

左：单棵树和草丛
右：老树弯腰（王晓东）

案例
成熟的核桃

作画知识点

- 果实的画法
- 光影和前景的关系
- 叶子的画法

步骤 1

用针管笔勾勒核桃、相关枝叶的外形。

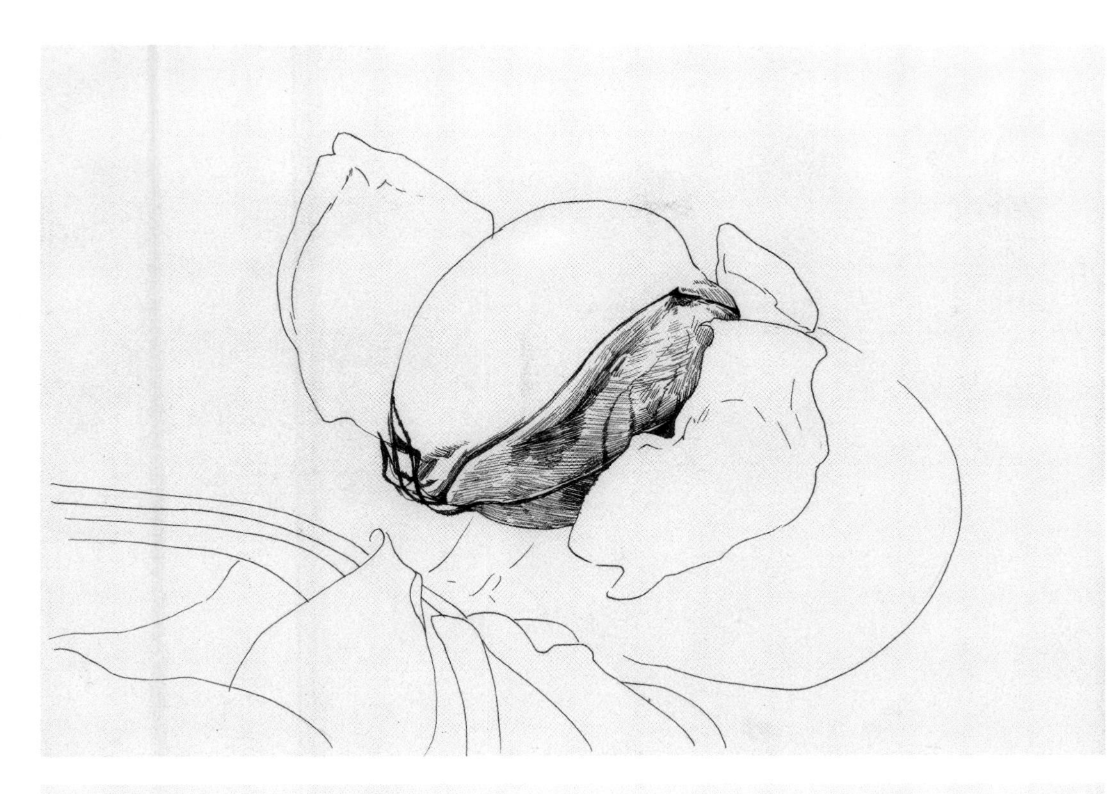

步骤 2

从核桃中缝着手，大体铺设暗部。

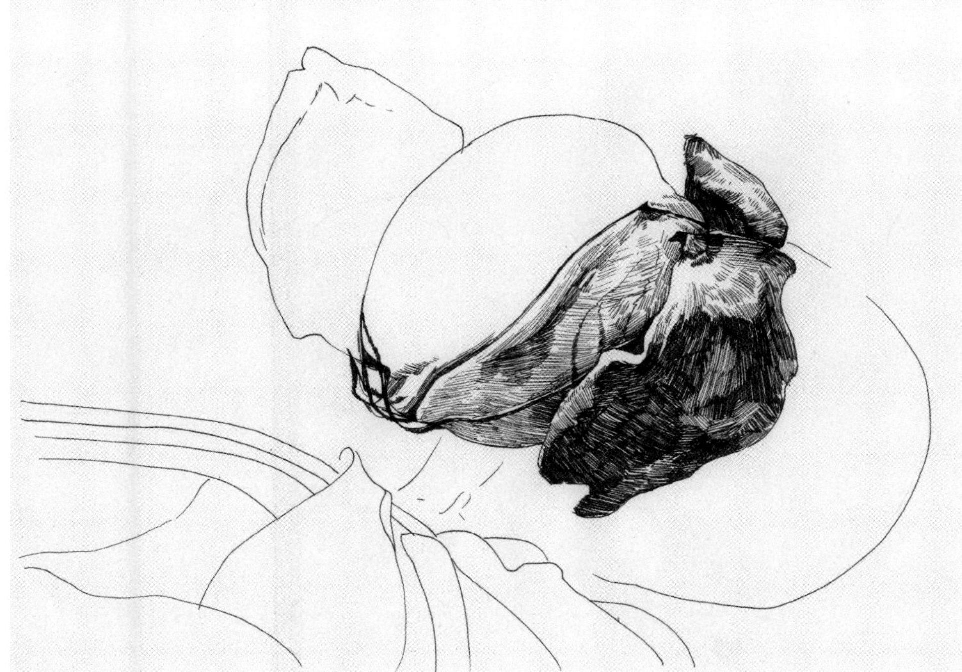

步骤 3

由于核桃是层层包裹的结构构造，在青皮干枯后才会露出核桃坚硬的壳。青皮此时已日渐干枯，成褐色，因此它的固有色最深，钢笔布线也最密。

步骤 4

要感觉到笔随形转这一原则，常用常新。将核桃理解成一个球体来上明暗。通过画深青皮，反衬出球状核桃。

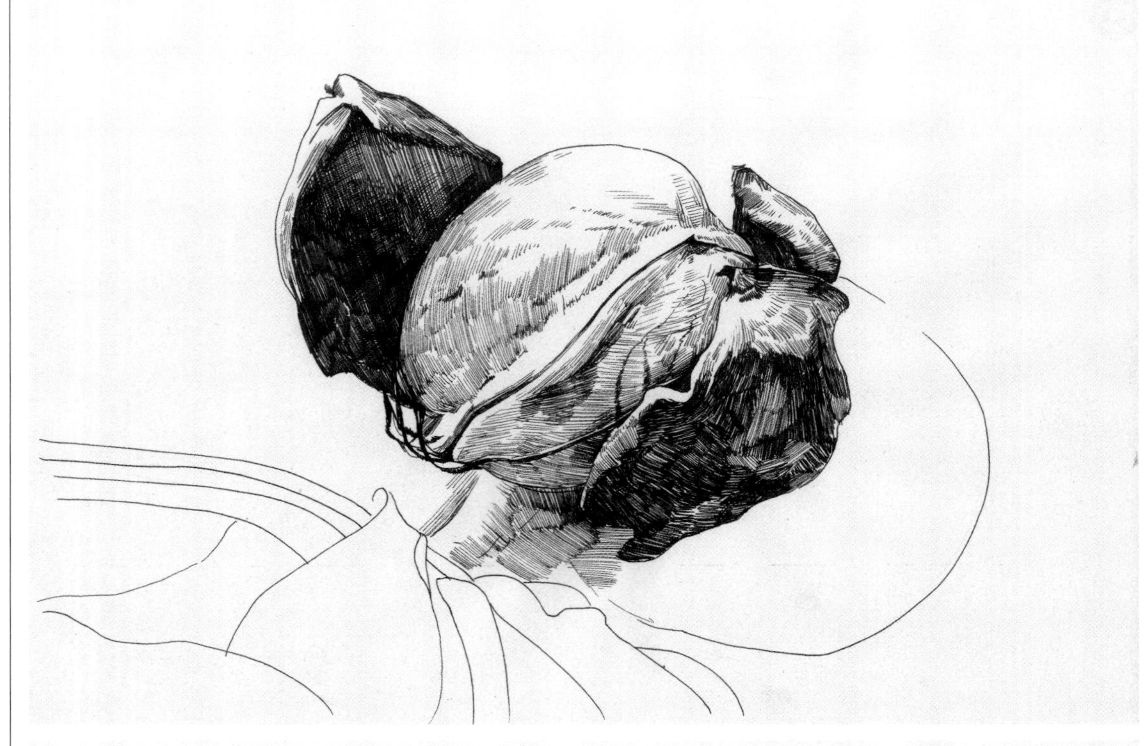

步骤 5

背景光影做简单交代。

◎ 完成

范画

左上：柠檬
右上：小满果子
左下：樱桃树
中下：舟瓣芹
右下：枇杷满枝（王晓东）

左下：葫芦
中下：南瓜
右下：红豆（王晓东）

案例

生机勃勃的苔藓

作画知识点

- 孢子植物的画法

1.4 其他

步骤1

斜线构图。用密集的短线表示短小的苔藓。苔藓植物是一种小型的绿色植物，结构仅包含茎和叶两部分。

步骤2

从全景中最暗部分着手，用竖直短线画。

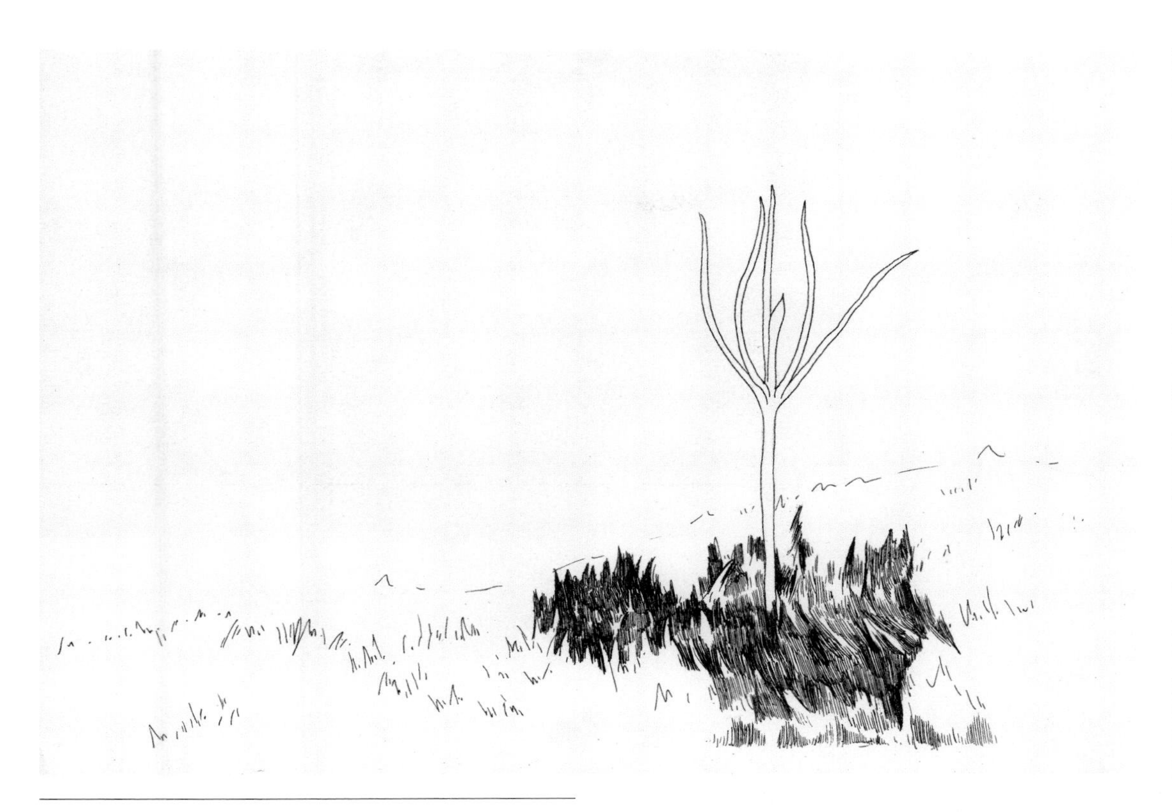

步骤 3

青苔在画面上属于比较深的颜色，注意和地势结合。苔藓的颜色深浅与其结构、光照有关。

步骤 4

前景对比明显，用比远景稍微深、密集、黑色块大的方式处理；而远景由于对比较弱，相对用稀疏笔触处理。

◎ 完成

范画

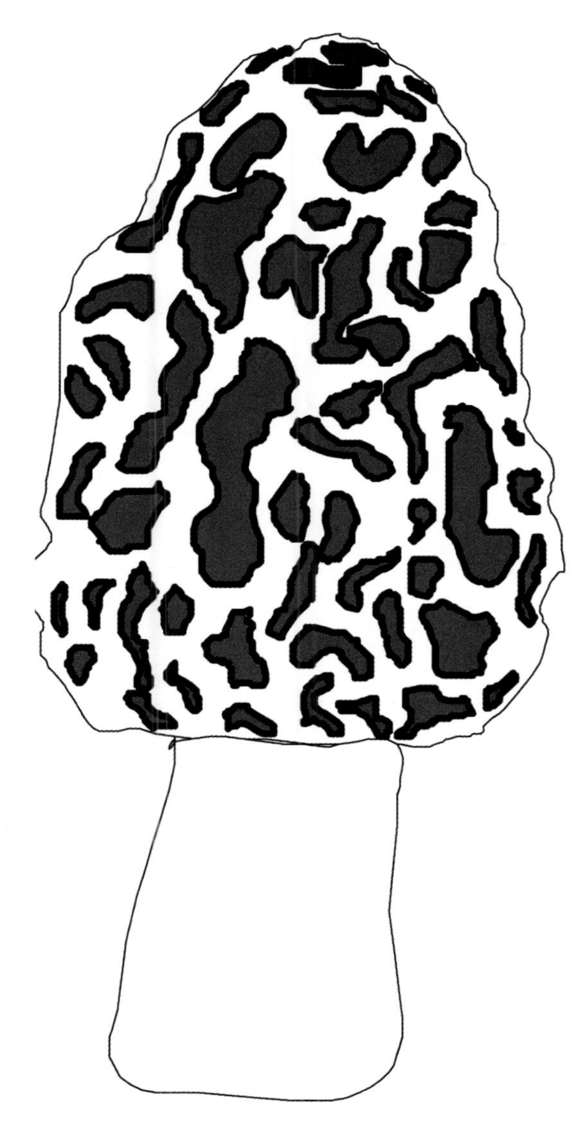

菌类

春苗（王晓东）

案例
城市边缘的蒲苇

作画知识点

- 水生植物的画法
- 羽状植物的画法

水生植物为自然环境增添了很多灵气，分为沉水植物、挺水植物、浮叶植物、漂浮植物以及湿生植物。

步骤1

用短直斜线勾勒出蒲苇外轮廓。

步骤2

因蒲苇属挺水植物，故用带笔锋的笔触扫射着画其叶。

步骤 3

由于是傍晚，环境较暗，而蒲苇固有色较浅，计白当黑，通过背景的描绘衬托前景。

步骤 4

用短直线勾勒远景的高楼，让蒲苇处于适当环境中。

◎ 完成

范画

左下：香蕉树
右：芭蕉树（陈健）

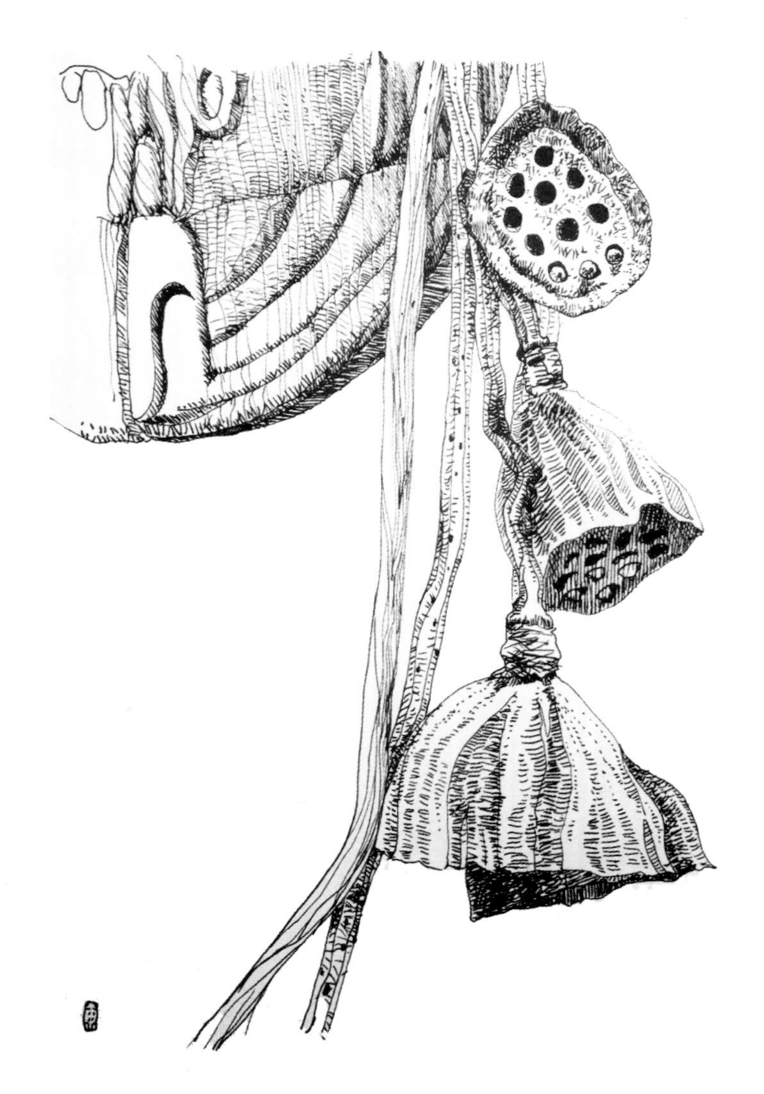

左上：莲蓬
右上：初夏的白洋淀
右中：春江水暖
右下：岸边芦苇（王晓东）

左：香芋叶
右：盛开的马蹄莲

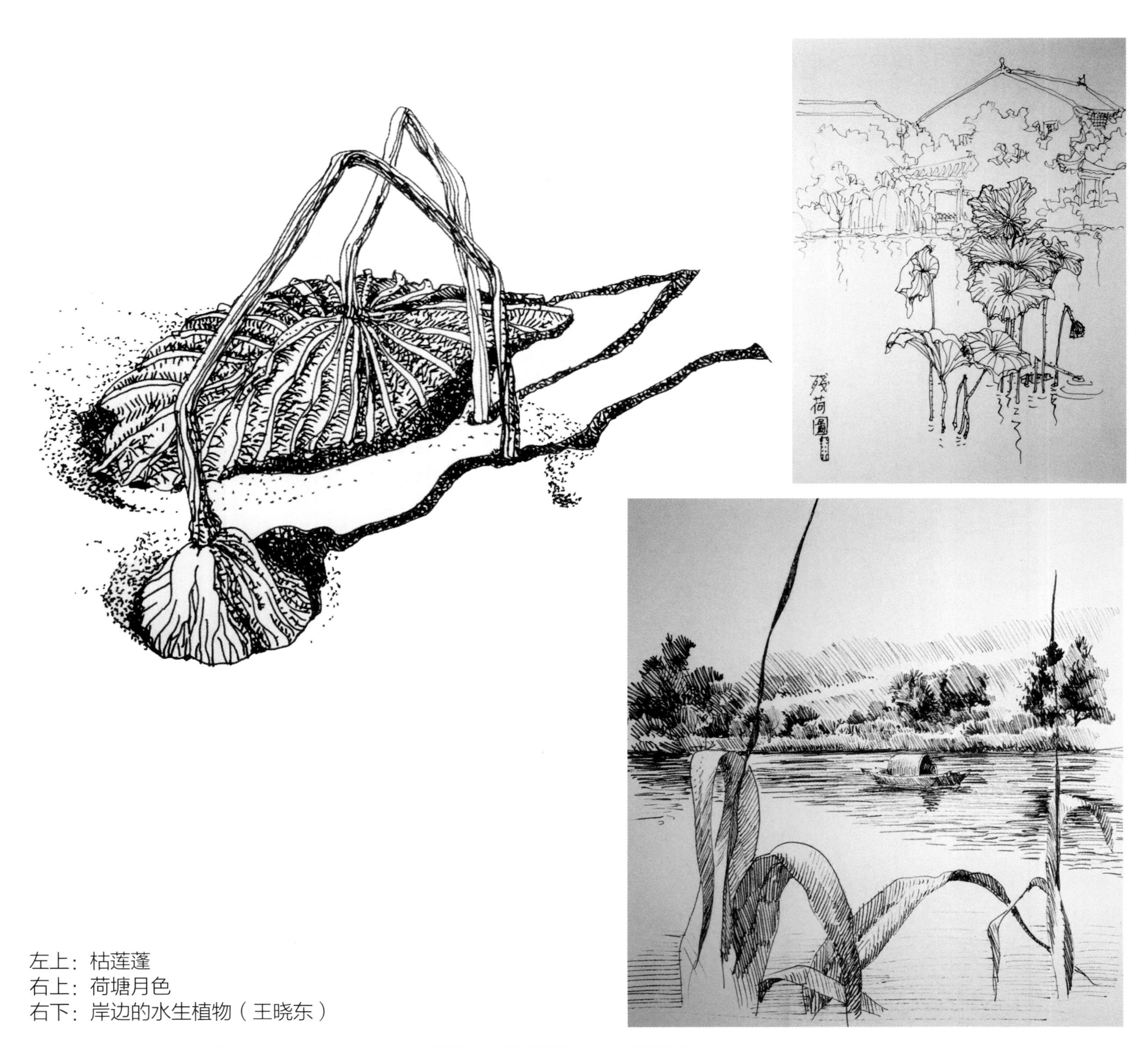

左上：枯莲蓬
右上：荷塘月色
右下：岸边的水生植物（王晓东）

案例 玉蝶

作画知识点

- 沙生植物的画法
- 多肉植物的画法

玉蝶，又称石莲花、宝石花、莲花掌。叶互生，呈莲座状着生于短缩茎上，倒卵匙形，淡绿色，肉质。

步骤 1

先用黑色水笔从里到外勾勒玉蝶的外轮廓。

步骤 2

从花瓣间的投影形状入手，从花心处上明暗。

步骤 3

由于多肉植物叶瓣较厚，层层上明暗时要为厚度留白。

步骤 4

局部服从整体，整体运笔环绕球形展开。

步骤 5

局部用较细密的线条画出花瓣间的深度。

完成

范画

左：沙漠之灵
右：仙人掌（王晓东）

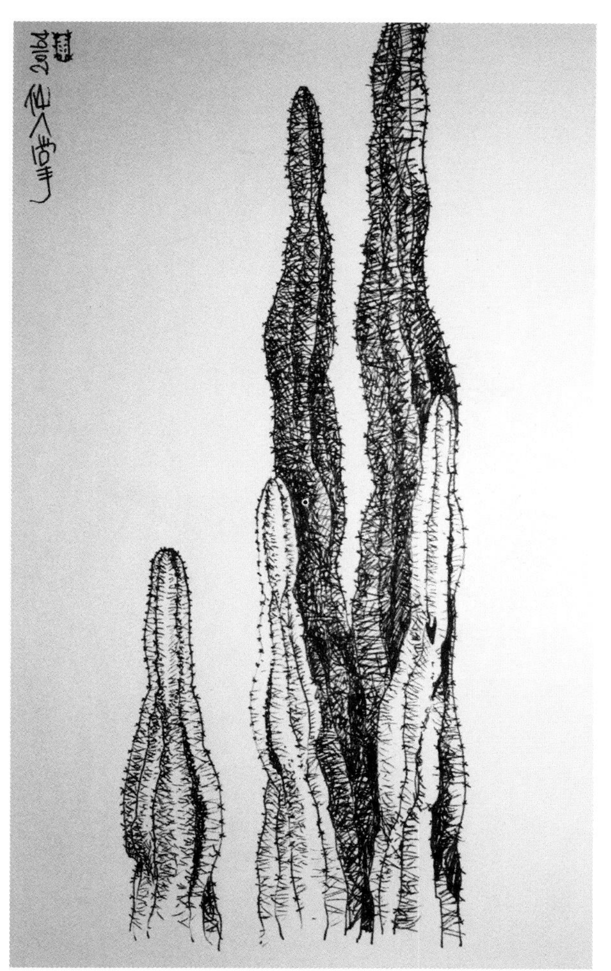

第二章 园林小品

能妙于得体合宜，

未可拘牵。

——计成《园冶》

2.1 花器

花器，栽种花草的容器总称。造型园艺不仅讲究花草本身，也讲究花器的形态，以及花器与花草之间的配搭。花艺讲究型格，讲究野趣。西式插花讲究立体造型与色彩配搭，日式插花讲究错落层次与山野之趣，中式插花更自然和生活化。与之相应的花器亦不必拘泥，周遭的一木一石都可随手截取得来。

画花器时，应看准形状再下笔，笔触应考虑其材质特点。

一图多画法

不锈钢花器：

不锈钢材质的冷硬感颇富有现代色彩。建议搭配白色的花，如玫瑰、香雪兰等，创造出一些富有时尚气息的造型。画时需注意高反光和折射。

玻璃花器：

透明的玻璃花器简单、自然，是最常见、最易于使用的一种。画法沿用透明玻璃的表现方法。

杯子、盘子：

将小酒杯排放在盘子内，立刻变成了许多小容器，春兰叶卷起放入杯内可以代替花泥将花固定，放入与杯子盘子同色系的银莲花和松虫草，很有特色。

汽水瓶：

喝剩下的汽水瓶摆在一块，加上彩色玻璃块，加入拖鞋兰就成了有个性的作品。

塑料壶：

造型感强的浇水壶，本身就很吸引人，把色彩强烈的花朵如轮锋菊、石竹、玫瑰依着壶的造型，成组放入壶内便是一个美丽的作品。画法类似玻璃，但没有过于强烈的反射和透明性。

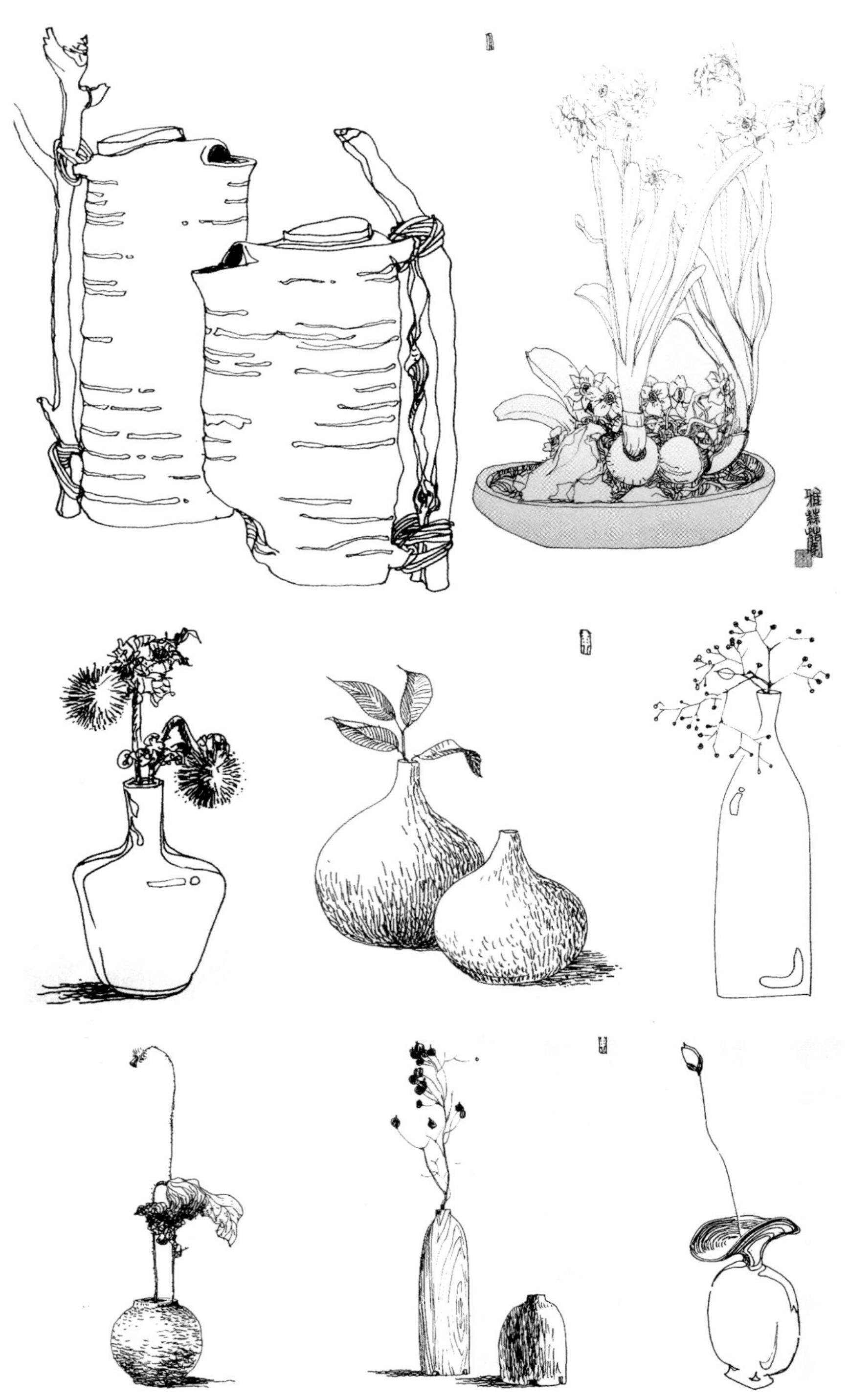

范画

左上：繁花似锦
中上：风信子
右上：壶瓶
左下：兰
右下：柿子和马灯
（王晓东）

陶器与瓦器：

较拙朴，可搭配银柳枝条、芦苇、红豆等草木，创造自然的山野气息，让人即便身处城市依然能感受到开阔、明朗的田野之趣。画时可用较明显的笔触，以体现陶器表面粗糙的质感。

瓷器：

不适合养花种草但外观更具美感和艺术性。适合养水生植物及特别易于成活的常见植物，如常春藤、绿萝。

瓷器具有一定的反射性，但相比玻璃的反光更柔和，画时需注意此特点。

2.2 树桩盆景

树桩盆景是盆景的一种，简称桩景。选取姿态优美的优良品种，将老木本植物栽植在盆中，经多年修剪、绑扎、施肥等，制作者根据自己的意图加工成或盘根错节、或苍劲挺拔等各种艺术造型。派别有三种：

（1）岭南派

仿效绘画技法，重剪裁，蓄枝、截干，重整体构图布局。造型或苍劲雄浑，或潇洒轻盈，富有山林野趣，极似大树缩影。宜大胆落笔，从整体出发来画。

（2）苏北派

扎枝成片，讲究一寸三弯的攀扎技巧，层次分明、结构严谨。

（3）其他流派

苏南、上海、杭州等地桩景，剪扎并用，造型兼有岭南派、苏北派的优点。

树桩盆景分类呈多样性。

直干式：

主干直立或基本直立，这类树干让其长到一定高度进行摘心，达到层次分明、疏密有致的效果，通常有单干、双干、三干和多干之分。宜用竖直线绘制。

悬崖式：

主干倾于盆外，树冠下垂如悬状，其中根据主干倒悬的程度，又有大悬崖、小悬崖、半悬崖之分。

附石式：

树木种在石头上，使其扎于石缝中，以模仿岩生植物。画法刚柔相济，石头用笔刚劲有力，树木用笔则相对柔软。

卧干式：

主干横卧，全株呈平睡之态，姿态独特，具有古朴优雅的风度。宜用横线绘制。

斜干式：

树干倾斜，但又不卧倒，树冠偏于一侧，树势舒展。宜用斜线绘制。

曲干式：

主干屈曲，树形富于变化，常见的取“三曲式”，形如“之”字。采用笔随形转的描绘方法。

案例
岭南派树桩盆景

作画知识点

- 盆景的画法
- 乔木不落叶植物的画法

步骤1

仔细观察盆景数分钟，不要被繁复的枝丫扰乱思路。选择从左上方入手，抓住树枝总体走势以及叶脉特征。

步骤2

交代出枝丫的前后关系。

步骤 3

岭南盆景格调雄浑刚毅，疏密有致，以“大树缩影”首创蓄枝撤干的手法，使经过千裁百剪的树桩呈现大树的本来风貌，更显得气势雄浑，苍劲有力。用短线勾勒出全景样貌。

步骤 4

将粗壮的枝干理解为圆柱形，用短弧线画出明暗。

◎ 完成

2.3 攀缘植物

攀缘绿化是攀缘植物攀附在建筑物上的一种装饰艺术，绿化的形式能随建筑物的形体而变化。用攀缘植物可以绿化墙面、阳台和屋顶，装饰灯柱、栏栅、亭、廊、花架和出入口等，还能遮蔽景观不佳的建筑物。

攀缘植物有攀附器官。例如，牵牛、紫藤等有缠绕茎；爬山虎、五叶地锦有吸盘；葡萄、丝瓜等有卷须；薜荔、常春藤等有气生根；木香、野蔷薇等有拱形蔓条或钩刺。

画法上，应根据攀缘结构不同而变化，如叶子正好在花架上则需要做透视变形处理。另外，根据植物疏密、前后主次等关系，做到轻重有度，不可平均着画。

2.4　园灯

夜晚的园林景观通常由精心布置的照明来呈现。园灯的规划布点和选择设计是糅合着光影艺术的第二次景观设计，而不局限照明。

一般庭园柱子灯的构造，由灯头、灯杆及灯座三部分组成。园灯造型的美观，也是由这三部分比例协调、色彩调和、富于独创来体现的。过去线条较为繁复细腻，现在则强调朴素、大方、整体美，与环境相协调。

步骤 1

将园灯理解为圆锥体和圆柱体的结合，画出外轮廓以及灯的骨架。

步骤 2

画出竹子框架的粗细渐变效果。“随缘”两字只用细线简单勾勒。

步骤 3

将灯整体理解为圆柱体，上下边沿画出明暗。

步骤 4

用短小、细密的线条，画出灯的暗部。整体分两个层次刻画，即灯两端的暗部，以及灯中间圆柱体的亮部。“随缘”字体涂成实心体。

完成

2.5 石窟雕塑

梧阴匝地，槐荫当庭；插柳沿堤，栽梅绕屋；结茅竹里，浚一派之长源；障锦山屏，列千寻之耸翠，虽由人作，宛自天开。

——计成《园冶》

范画

左：大佛（王晓东）
右：南翔普同塔（陈健）

第3章

园冶释义

移竹当窗，分梨为院。

溶溶月色，瑟瑟风声。

静扰一榻琴书，动涵半轮秋水。

——计成《园冶》

3.1 园廊

园廊结构常用的有木结构、砖石结构、钢筋混凝土结构、竹结构等。廊顶有坡顶、平顶和拱顶等。按廊的总体造型及其与地形、环境的关系可分为：直廊、曲廊、回廊、抄手廊、爬山廊、叠落廊、水廊、桥廊等。

跑马廊：

夹层悬空一侧不做墙壁或墙面后退，在平面的外边缘有栏杆或栏板，形成一种不完全的空间，叫“排空”。

通廊：

连接于建筑物间，有顶盖、廊台，具备一定形式的通道。作画时应注意体现其景深。

复廊：

在双面空廊的中间夹一道墙，又称“里外廊”。因为廊内分成两条走道，所以廊的跨度大些。

单面空廊：

一种是在双面空廊的一侧列柱间砌上实墙或半实墙而成；一种是一侧完全贴在墙或建筑物边沿上。

双面空廊：

两侧均为列柱，无实墙，在廊中可以观赏两面景色。双面空廊不论直廊、曲廊、回廊、抄手廊等都可采用，不论在风景层次深远的大空间中，或在曲折灵巧的小空间中都可运用。画出廊与四周景色的关系是要点。

拱券：

简称拱或券，又称券洞、法圈、法券。它除了竖向具有良好的承重特性外，还起着装饰美化的作用。其外形为圆弧状。画时应仔细观察弧度再下笔。

3.2 园墙、洞门、窗

园墙：

在园林中起划分内外范围、分隔内部空间和遮挡劣景的作用。其设置多与地形结合，平坦的地形多建成平墙，坡地或山地则就势建成阶梯形，为避免单调，有的建成波浪形云墙。精巧的园墙还可装饰园景。分隔院落空间多用白粉墙，墙头配以青瓦。园墙与水面之间宜有道路、石峰、花木点缀，景物映于墙面和水中，可增加意趣。

洞门：

仅有门框而没有门扇，常见的是圆洞门，又称月亮门、月洞门；还可做成六角、八角、长方形、葫芦、蕉叶等不同形状。其作用不仅引导游览、沟通空间，本身又成为园林中的装饰。通过洞门可框景。画时应注意洞门前后景的虚实关系。

洞窗：

不设窗扇，有六角、方胜、扇面、梅花、石榴等形状，常在墙上连续开设，称为“什锦窗”。洞窗与某一景物相对形成框景。

漏窗：

又名花窗，是窗洞内有漏空图案的窗。窗洞形状多样，花纹图案用瓦片、薄砖、木竹材等制作，有套方、曲尺、回文、冰纹等。漏窗一般与人眼视线相平，透过漏窗可隐约看到窗外景物，增加空间层次，做到小中见大。漏窗往往是画面焦点。

案例
中国风极简花窗

作画知识点

- 园墙门洞的画法
- 前后景的关系

步骤1

起形。勾勒树枝主干，定好漏窗方位。

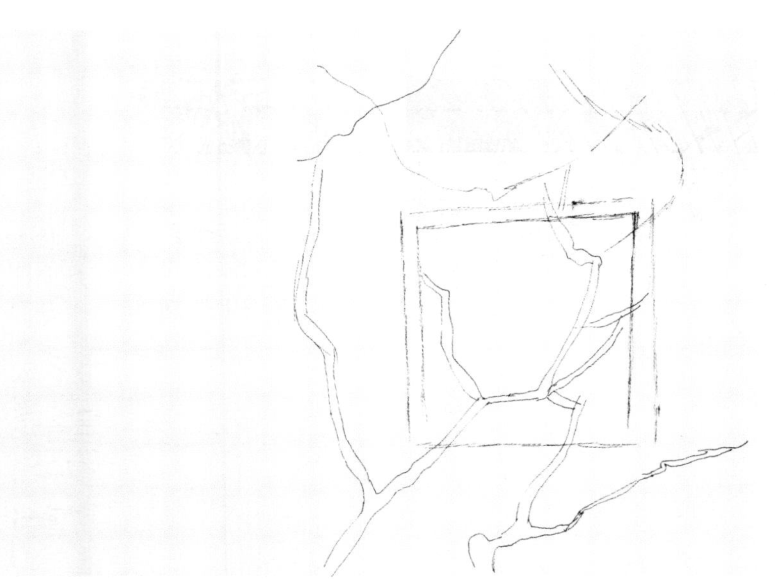

步骤2

将枝丫理解成圆柱体，开始上明暗。

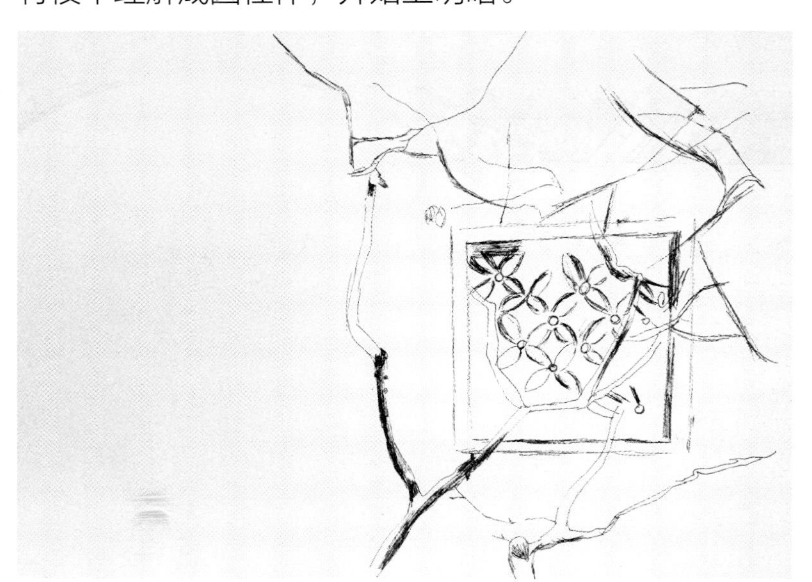

步骤 3

框景，即建筑的门、窗、洞，或者乔木树枝抱合成的景框，往往把远处的山水美景或人文景观包含其中。按照明暗关系画出漏窗的花纹。

步骤 4

在此幅画中，树枝是前景，漏窗是远景，处理好前后景的关系。

◎ 完成

3.3 园路

铺地：

中国传统园林在游人活动较为频繁的地方要对地面予以铺装处理。常见的纹样有：完全用砖的席纹、人字、间方、斗纹等；砖石片与卵石混砌的六角、套六方、套八方等；砖瓦与卵石相嵌的海棠、十字灯景、冰裂纹等；以瓦与卵石相间的，或全用碎瓦的水浪纹，用碎瓷、缸片、砖、石等镶嵌成寿字、鹤、鹿、博古、文房四宝，以及植物纹样等多种。

画的时候不宜盯细节，而要遵从整体透视规律。

园路设计：

包括线形设计和路面设计，后者又分为结构设计和铺装设计。中国园林强调“寓情于景”，在面层设计时，有意识地根据不同主题的环境，采用不同的纹样、材料来加强意境。园路以不同的纹样、质感、尺度、色彩来装饰园林。

应仔细观察路线趋势以及结合材质细节作画。

范画

左：校园一角
右：雪后斜阳

3.4 四合院

四合院是中国传统民居形式，辽代时已初成规模。所谓四合，“四”指东、西、南、北四面，“合”即四面房屋围在一起，形成一个“口”字形。

钢笔画绘制四合院，应在充分了解其结构基础上，注意砖木结构在材质上的区分，房架子檩、柱、梁（柁）、槛、椽以及门窗、隔扇等均为木制，木制房架子周围则以砖砌墙。屋瓦大多用青板瓦，这是不可错过的刻画细节。垂花门往往是整个四合院最漂亮的一道门，应重点描绘。

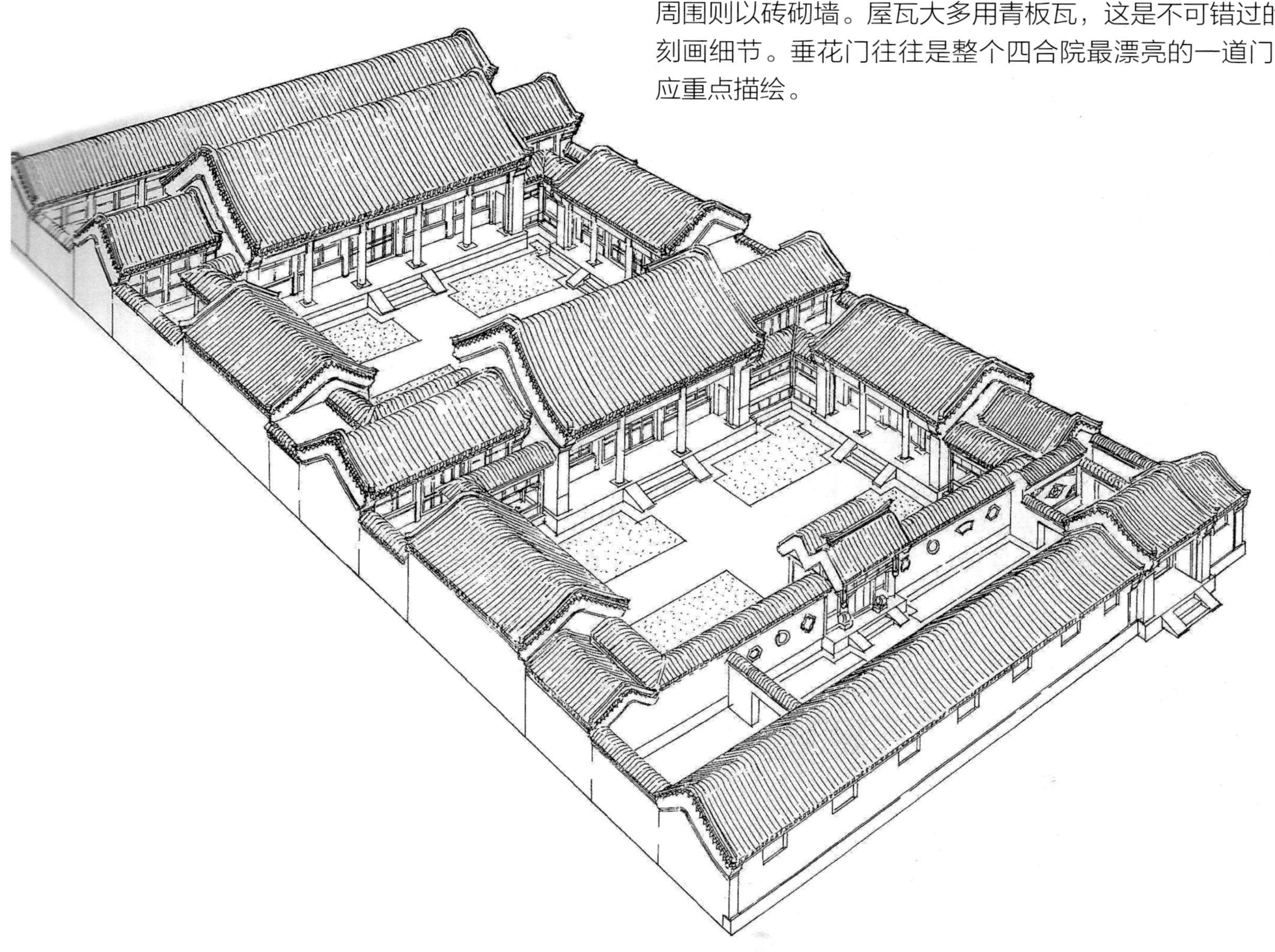

一主一次并列式院落

范画

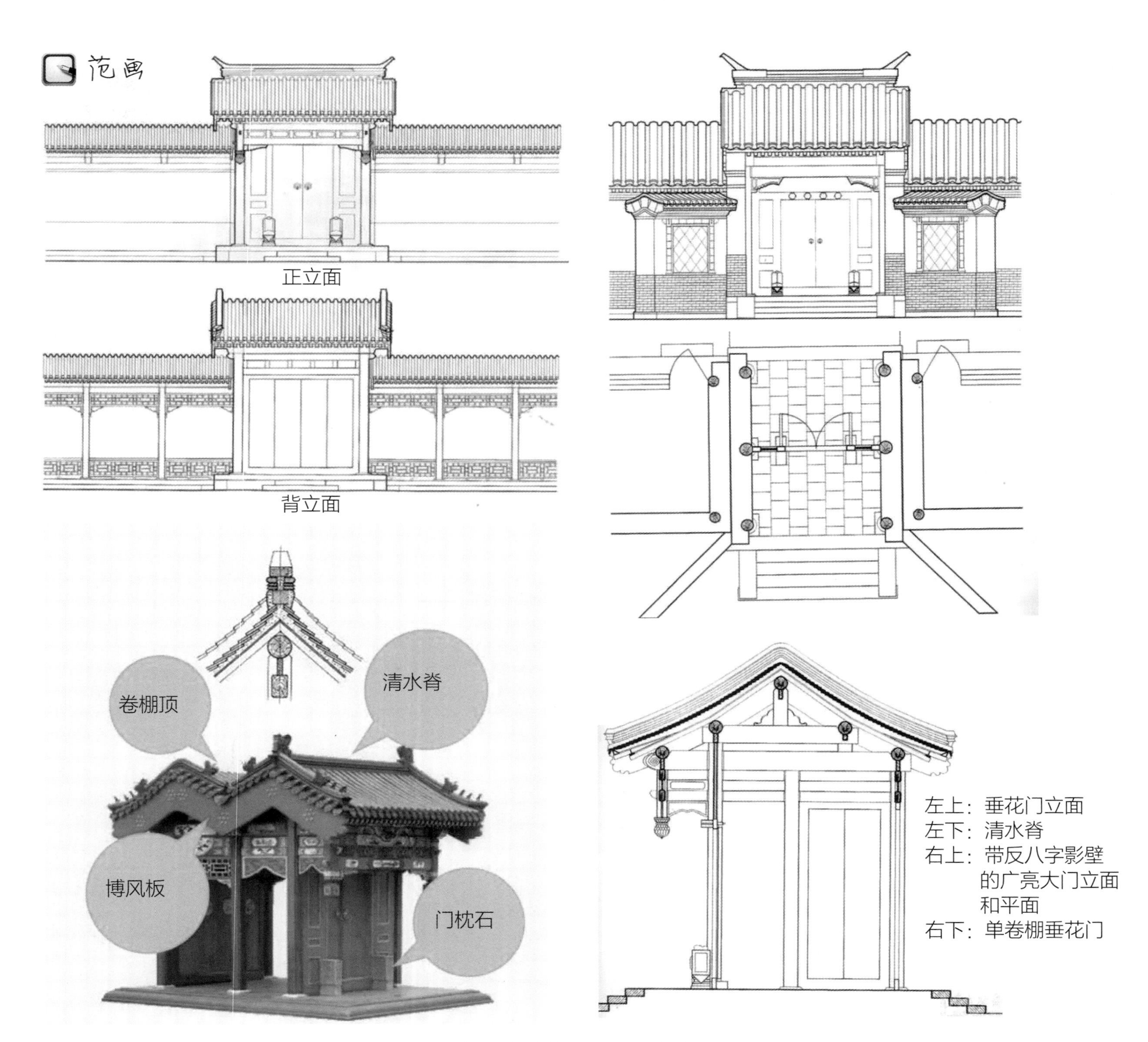

左上：垂花门立面
左下：清水脊
右上：带反八字影壁的广亮大门立面和平面
右下：单卷棚垂花门

案例 云南四合院照壁

作画知识点

- 中国古代照壁的画法
- 老墙的画法

照壁是中国古代传统建筑特有的部分。明朝时特别流行，也称萧墙、屏风墙。

步骤 1

先用存墨量不多的钢笔勾勒建筑外形。

步骤 2

从暗部和固有色着手，上明暗。

步骤 3

因为场景较大，均衡地为画面整体“着明暗”，而非盯在一处抠细节。

步骤 4

用较少墨水的笔触画出墙壁的沧桑感、年代感。

步骤 5

运用好景深关系，前景做具体刻画，以区分远景。

◎ 完成

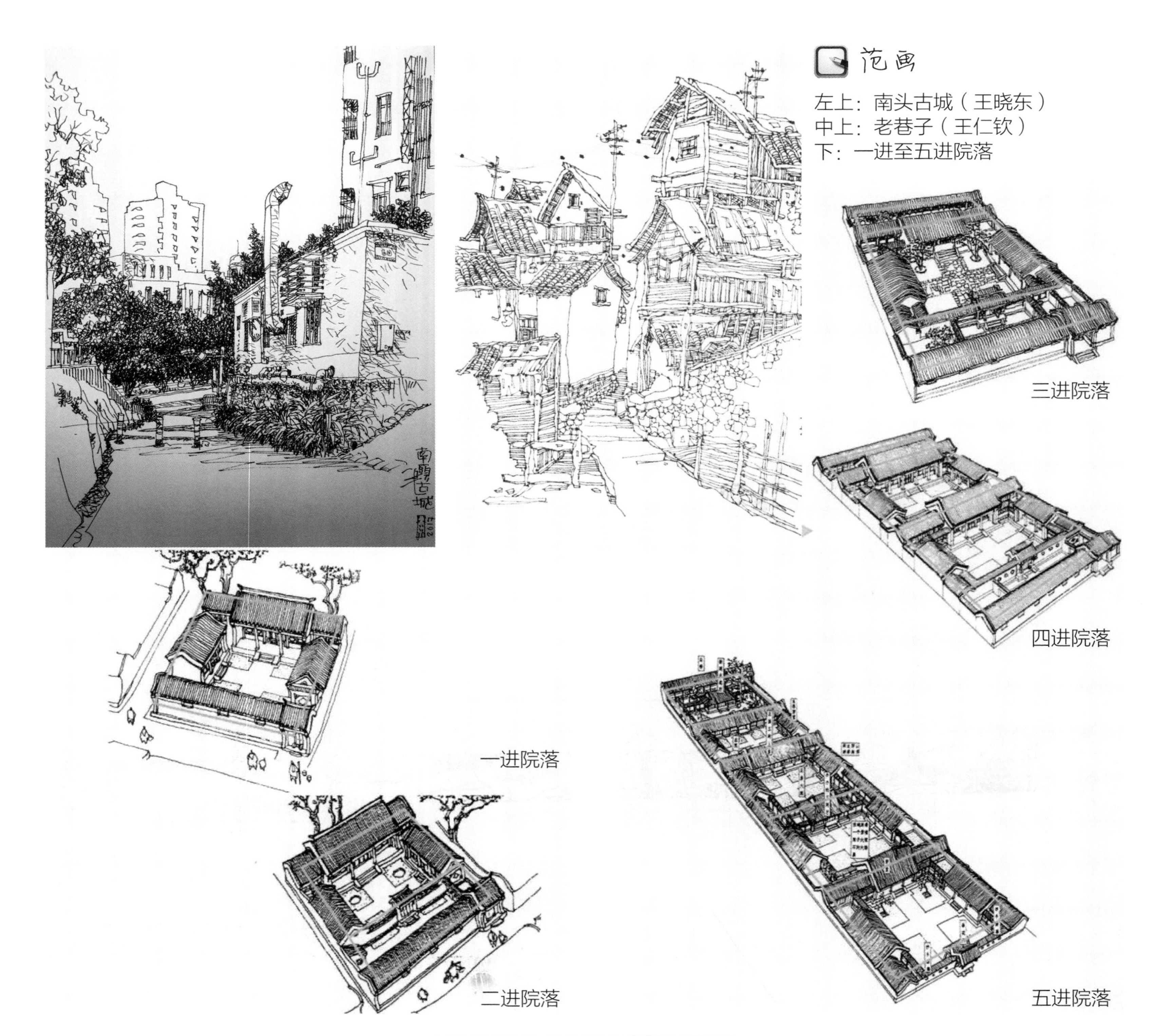

范画

左上：南头古城（王晓东）
中上：老巷子（王仁钦）
下：一进至五进院落

三进院落

四进院落

一进院落

二进院落

五进院落

3.5 堤坝

堤和坝的总称，也泛指防水拦水的建筑物和构筑物。主要有土石坝和混凝土坝。

范画

左上：海边堤坝
右上：深圳湾（王晓东）
下：　灯塔湾

3.6 水榭

花间隐榭，水际安亭，斯园林而得致者……
通泉竹里，按景山巅；
或翠筠茂密之阿，苍松蟠郁之麓；
或借濠濮之上，入想观鱼；
倘支沧浪之中，非歌濯足。
亭安有式，基立无凭。
——计成《园冶》

水榭，供游人休息、观赏风景的临水园林建筑，建造在水边或水上，供人们游憩眺望。在水边架起平台，平台一部分架在岸上，一部分伸入水中（主要的观景角度），平台跨水部分以梁、柱凌空架设于水面之上。平台临水围绕低平的栏杆，或设鹅颈靠椅供坐憩凭依。屋顶一般为造型优美的卷棚歇山顶。

画水榭时，应注意它不是单一存在的建筑物，需要考虑并结合周边景物来画，尤其是水中的倒影，更能体现水榭这种建筑的特点。

3.7 园桥

架桥通隔水，
别馆堪图；
聚石叠围墙，
居山可拟。
——计成《园冶》

小桥、流水、人家。桥梁的平直、索桥的凌空、浮桥的韵味、拱桥的弧线等，都在园林中体现得淋漓尽致。桥可点缀水景，增加水面层次，兼有交通和艺术欣赏的双重作用。

石桥的建材是天然石头经人为加工而成的，其原始粗糙、坚硬、斑驳感依然存在。

平桥：

外形简单，有直线形和曲折形，结构有梁式和板式。板式桥适于较小的跨度，简朴雅致。跨度较大的就需设置桥墩或柱，上安木梁或石梁，梁上铺桥面板。曲折形的平桥，是中国园林中所特有，不论三折、五折、七折、九折，通称“九曲桥”，作用是步移景异。

范画

南翔浮玉桥（陈健）

拱桥：

造型优美，曲线圆润，富有动态感。单拱拱券呈抛物线形，多孔拱桥适于跨度较大的宽广水面，常见三孔、五孔、七孔。因钢笔画不易更改，画前需仔细观察其拱形弧度。

亭桥或廊桥：

是加建亭廊的桥，可供游人遮阳避雨，又增加桥的形体变化。画法是拱桥和亭子的结合体。

汀步：

又称步石、飞石。浅水中按一定间距布设块石，微露水面，使人跨步而过。园林中运用这种古老渡水设施，质朴自然，别有情趣。将步石美化成荷叶形，称为“莲步”，桂林芦笛岩水榭旁有这种设施。画时建议采用短小笔触，体现细节。

左：廊桥
右：弯曲的河流和桥（王晓东）

3.8　其他古典园林建筑形态

亭阁:

收到了移步换景、渐入佳境、小中见大等观赏效果。

苑:

中国秦汉以后在囿的基础上发展起来的、建有宫室的园林，又称宫苑。大的苑达数百里，有天然植被、飞禽走兽，并建有供居住、游乐、宴饮用的宫室建筑群。小的苑筑在宫中。此外，还有建在郊外或其他地方的离宫别苑。

囿:

中国古代供帝王贵族进行狩猎、游乐的园林形式。通常选定地域后划出范围，或筑界垣。囿中鸟兽自然滋生繁育。

宫殿:

是居住的处所，古时候私人居住的地方叫“宫”；接待大众，办公集会的场所称为“殿”。殿像我们现在的客厅，宫则是自己的卧房。

堂:

是居住建筑中对正房的称呼，一般是一家之长的居住地，也可作为家庭举行庆典的场所。堂多位于建筑群中的中轴线上，体型严整，装修瑰丽。室内常用隔扇、落地罩、博古架进行空间分割。

亭:

体积小巧，造型别致，可建于园林的任何地方，其主要用途是供人休息、避雨。亭子的结构简单，柱身下设半墙。

台:

是最古老的园林建筑形式之一，早期的台是一种高耸的夯土建筑，古代的宫殿多建于台之上。古典园林中的台后来演变成厅堂前的露天平台，即月台。

楼:

是两重以上的屋，故有“重层曰楼”之说。楼的位置在明代大多位于厅堂之后，在园林中一般用作卧室、书房或用来观赏风景。

阁:

一种架空的小楼房,四方、六角或八角，常呈两层，中国传统建筑物的一种。其特点是通常四周设隔扇或栏杆回廊,供远眺、游憩、藏书之用。

轩:

有窗槛的小室或长廊；以敞朗为特点的建筑物；也用作书斋、茶馆的字号。

斋:

一般是书房，或者读书的地方。

画以上这些，如果是近景，要在充分理解建筑形态的基础上才能展开，若是远景，则符合大的透视关系即可，重要的是将建筑很好地与周围景色相融合，以建筑物为主景或是以建筑物为陪衬则根据画面具体而定。

范画

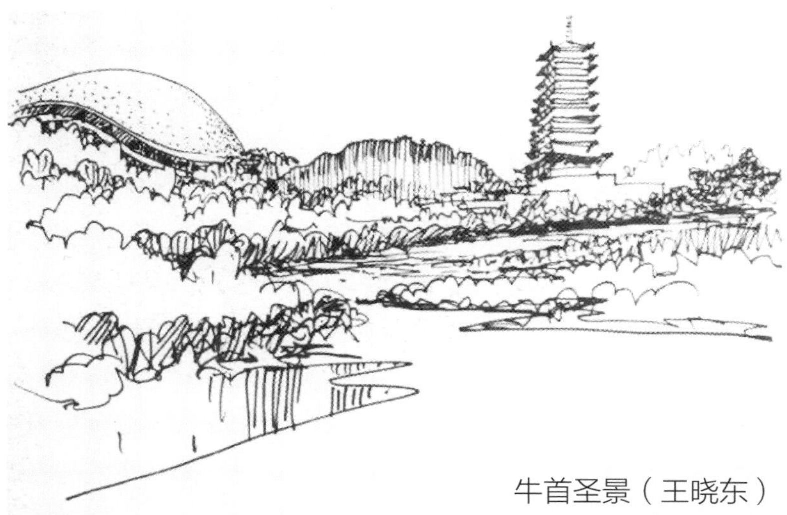

牛首圣景（王晓东）

第4章 筑山理水

高方欲就亭台，低凹可开池沼。

卜筑贵从水面，立基先究源头。

疏源之去由，察水之来历。

——计成《园冶》

4.1 筑山

石：

自然界石头种类繁多不胜枚举，大小不一。除鹅卵石外，大部分石头表面粗糙，坚硬，边角锐利，形状无规则。画石头，下笔必须干脆而肯定。石头边缘及与周边石头之间、环境之间要适度的“掐”。峭削的边缘、锋利的尖角和粗糙、坚硬、棱角分明的几何体面，在刻画时把这些因素都客观地反映出来，这样的石块便自有精神。此外应注意塑造石头的体积感。在没有明朗阳光下的石头，需突出厚重的分量感。

假山：

山无定势。按在园林中的位置和用途可分为园山、厅山、楼山、阁山、书房山、池山、室内山、壁山和兽山。

塑山：

用雕塑艺术的手法仿造自然山石的园林工程。可塑造雄伟、磅礴富有力感的山石景，还可仿造表现黄蜡石、英石、太湖石等不同石材特质。直纹为主、横纹为辅的山石，较能表现峻峭、挺拔的姿势；横纹为主、直纹为辅的山石，较能表现潇洒、豪放的意象；综合纹样的山石则较能表现深厚、壮丽的风貌。

画山景宜从整体出发，看准山形走势，多用线条大胆勾勒，局部辅以皴的方式。

范画

左上：泸沽山景
右：驻马店风景
（王晓东）

山岭纵横之

山景之二

拙政园石景（陈健）

山川下的美景

4.2 水景

水本无形，由容器的形状所造就。不同的水姿，粗犷、纤细、激越、温和……千姿百态。画水，应多用曲线，柔中带刚来表现。

泉：

一般是指水量较小的滴落、线落的落水景观,常见的有壁泉、叠泉、盂泉和雕刻泉，也有人为利用压力使水自喷嘴喷向空中后落下，形成景观的喷泉。应用较多曲线画出水的流动性特点。

瀑丁：

即瀑布，将水聚集于一处，使水从高处落下形成水带之景，气魄雄壮,能给人以力量。例如自由瀑布、滑落瀑布（水幕墙、分层瀑布）。应把握好水流动势再下笔。

叠水：

喷泉中的水分层连续流出，或呈台阶状流出称为叠水。中国传统园林常有三叠泉、五叠泉的形式。意大利园林普遍利用山坡地造成阶式的叠水。

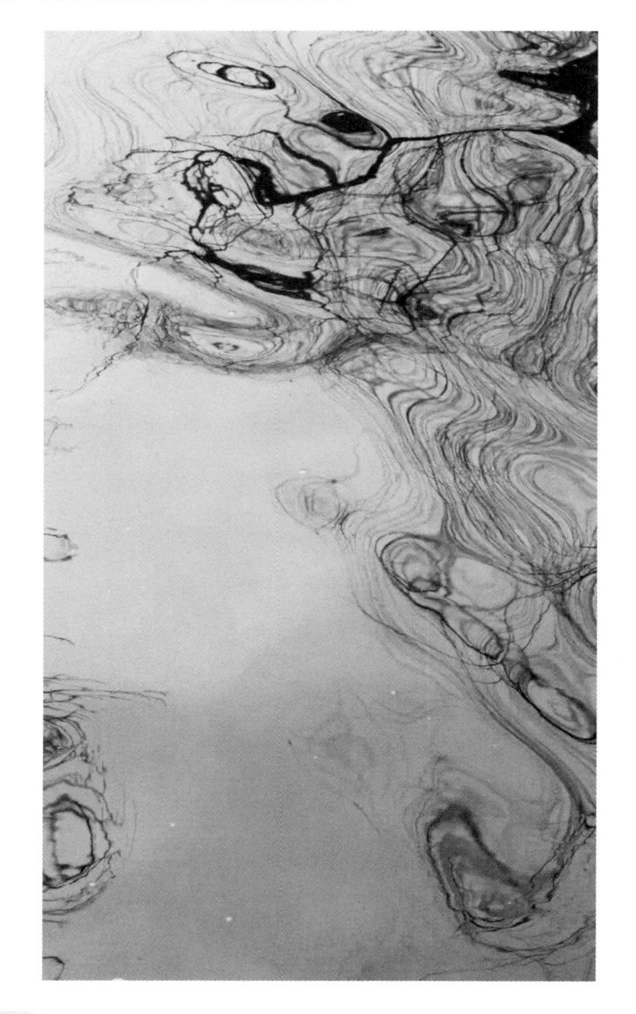

范画

左上：孤影
右：浓荫水深
左下：雨中的人（王晓东）

案例
黄果树瀑布

作画知识点

- 流水的画法
- 瀑布的画法

步骤1

用钢笔勾勒出瀑布外形走势。

步骤2

用斜向笔触简单交代出瀑布和周围树木的明暗。

步骤 3

三大面五调子是明暗变化的规律，由于各画种及其使用工具材料的差异，表现这一规律深入程度必然有所不同，尤其钢笔画远不如铅笔画、木炭画可以自由表现细腻的明暗层次，因此必须掌握概括的处理方法。

随着水流趋势，用带笔锋的短线条画水景。

步骤 4

进一步丰富画面层次和细节。

◎ 完成

第5章
城市微缩景观

移竹当窗，分梨为院

溶溶月色，瑟瑟风声

静扰一榻琴书，动涵半轮秋水。

——计成《园冶》

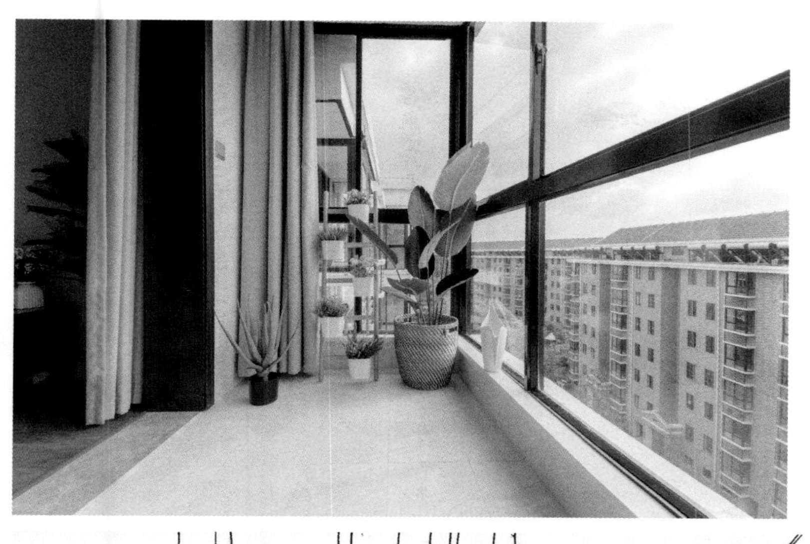

5.1 室内园艺

居室观赏植物的摆设首先要根据居室的大小、光线强弱进行布局。其次要按家具式样选择装饰植物，此外还要按季节特点、使用性质考虑装饰植物。不同室内空间有其不同性质与用处,装饰植物也要因室而异，使之相衬托协调。

描绘室内植物，应和周围环境相结合。由于室内面积相对小而物件多，建议用白描方式勾勒想表达的主要物体并辅以简单明暗，其余物件做简单处理。最重要的是让园艺融于环境中，并符合室内透视、光影等逻辑。

案例
垂直绿化墙的生菜

作画知识点

- 垂直绿化怎么画
- 生菜怎么画
- 同类形态如何复制

5.2 垂直绿化

立体绿化的一种，占地面积最小、但绿化面积最大的一种形式，泛指用攀缘或者铺贴式方法以植物装饰建筑物的内外墙和各种围墙的一种立体绿化形式。

步骤

先画出绿化墙的框，从近景开始画生菜形状。

完成

案例
翠贝卡阁楼和屋顶花园

作画知识点

- 屋顶绿化怎么画

5.3 屋顶绿化

屋顶绿化是在屋顶上种花种草，是脱离地面的种植技术，泛指包括露台、天台、阳台、墙体、地下车库顶、立交桥等一切不与地面产生联系的特殊空间绿化。种植品种宜选用综合抗性较强、四季景观较好的宿根类及低矮木本植物种类。

步骤1

用钢笔勾勒出花园主要物件。

步骤2

施简单明暗，画出主体物件结构。

步骤 3

画出各物体投影。明度递减产生的亮度远远不及光源亮度，然而却可以魔术般地描绘出强烈的光感，这就是明度递减所产生的效果。如物体受光后产生受光面、灰面和背光面，它们之间色调比例级差的关系为10：40：20，然而用钢笔表现只能达到2：8：4的色调级差程度，这在绘画中称明度递减，关系不变。

步骤 4

进一步丰富画面层次和细节。

完成

5.4 城市行道树树坛和高速公路绿化带

行道树树坛：

以曲线、折线组合成空间，形成大树绿地。行道树、树坛还可以和坐凳、园灯等结合起来设计，更实用，更富人情味。画时应注意区分树木种类，不能平均对待。

高速公路绿化带：

绿化带是供绿化的条形地带，高速公路沿途绿化的景观设计既要注意内部各组成部分之间的协调，使其有机地融合在一起，又要注意与地形、环境的外部相协调。画的时候应仔细观察公路两边的地势高低起伏，以及公路与植物的主次关系。

范画

上：山路边的美景
下：高高的树林

第6章

配景

巧于因借，

精在体宜。

——计成《园冶》

6.1 动物

范画

左上：枯树枝上的鸟儿
左下：野鸭
右上：锦鲤
右下：企鹅母子

猫头鹰

6.2 人

范画

上：集体运动
下：富士山下美景

6.3　道具

范画

左上：吉普车
左中：蒸汽机车
左下：马车
右上：古老机车
右下：铲车

农场工具车
（王劲扬，指导老师：刘辉）

club

第7章

园艺风格

海纳百川，

有容乃大。

——林则徐

案例
大明宫雪景

作画知识点

- 中国北方园林的基础构造
- 建筑透视

步骤 1

将宫殿理解成长方体加锥体的结合形状，用钢笔画出线稿，其中用笔较重部分是之后重点刻画区域。

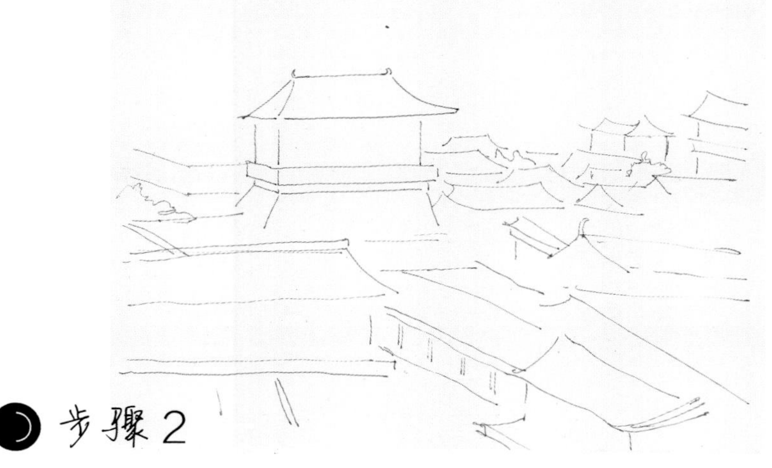

步骤 2

从中景，即画面主体入手，将宫殿理解成长方体和锥体，注意透视关系。

7.1　中国园林

我国园林有着悠久的历史，“虽由人作，宛自天开”的艺术原则，融传统建筑、文学、书画、雕刻和工艺等艺术于一体的综合特性，在世界园林史上独树一帜，享有很高的地位。

步骤3

为细小的梁、柱着局部明暗，以此画完整中、远景。

步骤4

利用弯头钢笔的弧度，自然地画出前景——宫殿瓦片的曲折效果。由于屋顶被积雪覆盖，采用中国画留白的艺术，进一步充实中、远景，以此衬托前景强烈的黑白对比。

◎ 完成

障景:

一步一景、移步换景，最典型的应用是苏州园林，采用布局层次和构筑木石达到遮障、分割景物作用，即所谓曲径通幽，层层叠叠，人在景中。作画时应注意静物被分割前后的逻辑关系。

借景:

有意识地把园外的景物“借”到园内视景范围中来，收无限于有限之中。借景分近借、远借、邻借、互借、仰借、俯借、应时借七类。

作画时应先观察、分析前后景的关系，通过留白、反衬等手法，借景画出主体。

范画

苏州拙政园西园（陈健）

天坛

案例 日式枯山水

作画知识点

- 植物与石材的对比
- 环绕形态的画法

枯山水并没有水景，其中的“水”通常由砂石表现，而“山”通常用石块表现。有时也会在沙子的表面画上纹路来表现水的流动。静止不变的元素被认为具有使人宁静的效果。同心波纹可喻雨水溅落池中或鱼儿出水。

7.2 日式园林

以其清纯、自然的风格闻名。它着重体现和象征自然界的景观，避免人工斧凿的痕迹，创造出一种简朴、清宁的致美境界。

步骤 1

用铅笔勾勒石塔主景，并围绕此画出弧形数圈。

步骤 2

从石塔周围较大石块入手，局部深入刻画。

步骤 3

细沙碎石铺地，再加上一些叠放有致的石子，属缩微式眺望园。

步骤4

近景用点画法表现细碎的白砂砾，远景则用短小笔触表现绿植。用背景衬托前景的方法表现出前景安静、祥和的感觉。

步骤5

从此物的色系深浅变化中可找到与彼物的交相映衬之处。通过不同笔触表现出砂石的细小与主石的粗犷、植物的软与石的硬，于对比中显呼应。

◎ 完成

案例 英国霍华德庄园花园

作画知识点

- 同类植物多层次空间的画法
- 如何批量画藤蔓植物

7.3 英式园林

英式园林大量运用水系、喷泉、英式廊柱、雕塑、花架、精心布局的植物迷宫等景观小品，并有机结合地块、天然高差进行景区转换和植物高低层次的布局，形成浪漫的英伦情调和坡式园林英伦之风。

步骤 1

用铅笔、曲线勾勒眼前看到的景象。

步骤 2

景分三层，选择从最外围的爬山虎入手，适当留白以衬出爬山虎叶子形状。

视觉焦点——喷泉是中景，因此无需对比太强烈，以免抢了镜头。

步骤 3

用竖短直线画出喷泉周围的草地，起到过渡和丰富画面的作用。

◎ 完成

案例
整齐的欧式植物

作画知识点

- 法式园林怎么画
- 近大远小的运用

步骤 1

采用九宫格定位法目测，将复杂如迷宫般的园林定位，用铅笔画出大的趋势走向。

7.4 法式园林

欧洲三大园林体系之一的法国园林体系风格，主要以17世纪法国古典园林为代表。古典主义突出轴线，强调对称，注重比例，讲究主从关系。

步骤 2

用点画法画出前景花坛的暗部。点画法，泛指相对一致的小笔触。

步骤 3

依照长方形的透视法则，顺势画出法式花坛极为规整的边。

步骤 4

用打圈的方法继续画花坛暗部，注意近大远小的透视法则。用同样方法画花坛中央的花朵造型，笔触较稀疏，以区别于植物的主体框架。前景花朵造型精细刻画，远景则粗略描绘。

◎ 完成

范画

上：卢浮宫
左下：巴黎凯旋门
右下：法式园林（房玥，指导老师：刘秀兰）

范画

7.5 美式园林

美式园林是以西欧自然式园林为主体发展而成的，相比欧洲园林更具有现代气息。景观以起伏的线条和自然生动模仿为特点，园林设计方面结合实际而又体现古典美。乡土植物的运用盛行，庄园种植大量蔬菜和宿根植物，侧重点更多在花卉本身而不是图案上，通常人工建筑只是其陪衬。绘制技法应结合景观绘制的要点，做到高低、主次分明，错落有致。

美式景观

案例 波茨坦宫廷古典花园

作画知识点

- 德式园林怎么画
- 近大远小的运用

7.6 德式园林

德式园林设计在生态保护和景观美学上追求极致的完美，设计师将自然的力量嵌入建筑材料之中，利用地块材料将景观的表现力和感染力发挥到更高的水平。在园林设计的过程中，多运用简洁的天然绿植作为背景，将几何图形与魔幻的色彩元素进行结合，简约抽象地将建筑赋予灵动的韵律与生命。在时间的积淀下，德国的园林设计严谨而不失自由、精致而不失活力。

步骤 1

用钢笔画出主体建筑、喷泉、大面积花坛的位置和形状，用到的线条有短直线和弧线两种。

步骤 2

大胆画出圆形喷泉的暗部，这也是视觉焦点所在。由此扩散到周围树木等，略施明暗。

步骤 3

进一步扩散明暗，将花坛的厚度通过明暗画出来。

步骤 4

用较细密的线条画远处的树木和房屋。在钢笔画中，明暗对比是通过线条的疏密来表现，而此时快速运笔能降低线条的明度，使之呈现出较灰暗的朦胧感。

步骤 5

仔细观察波兹坦宫廷建筑特点。用大量弧形勾勒出建筑的特色拱门，注意符合近大远小的透视规律。

◎ 完成

范画

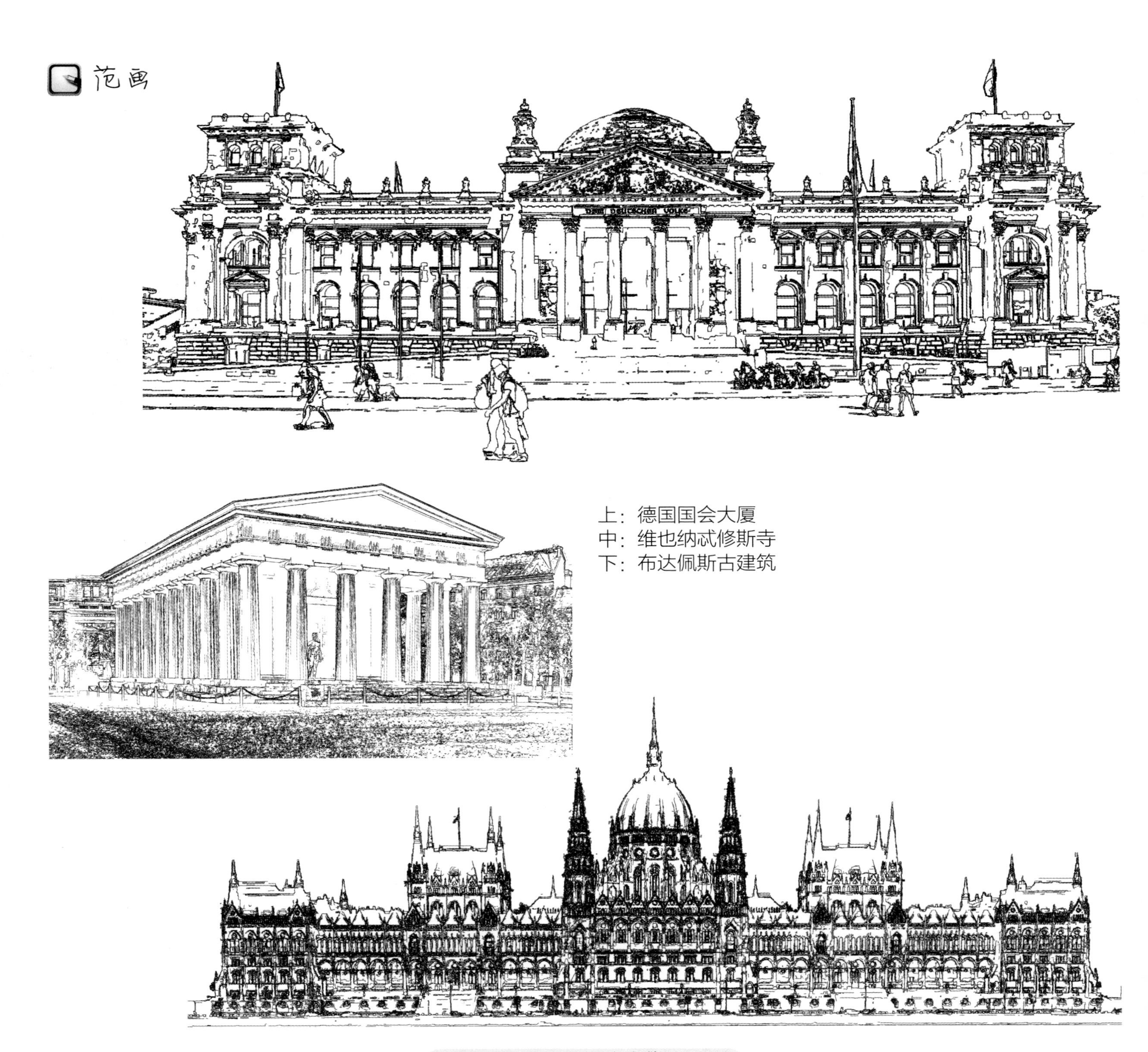

上：德国国会大厦
中：维也纳忒修斯寺
下：布达佩斯古建筑

案例
托斯卡纳花园里的别墅

作画知识点

- 如何画意大利风格园林
- 密集植物的画法

7.7 意大利园林

意大利园林被称为“台地园”，一般附属于郊外别墅，与别墅一起由建筑师设计，布局统一，但别墅不起统率作用。它继承了古罗马花园的特点，采用规则式布局而不突出轴线。

意大利境内多丘陵，花园别墅大多造在斜坡上，花园顺地形分成几层台地，在台地上按中轴线对称布置几何形的水池，用黄杨或柏树组成花纹图案的剪树植坛，很少用花。

意大利园林重视水处理。借地形修渠道将山泉水引下，或用管道引水到平台上，因水压形成喷泉。跌水和喷泉是花园里很常用的景观。

步骤 1

用横平竖直的定位法画出别墅主要架构，忽略细节。

步骤 2

园林分两部分：紧挨着主体建筑物的部分是花园，花园之外是林园。先从画面中心的台阶入手刻画。

步骤 3

再从远处茂密的树林着手刻画。

步骤 4

外围的林园是天然景色。逐步将明暗延伸至中景。笔触随意，无需细致刻画，反而显得有艺术性。仔细刻画前景喷泉、台阶等人工景象。

◎ 完成

范画

案例
南非Madikwe Hills山林小屋

作画知识点

- 乱石的画法
- 非洲园林的特点

7.8 非洲景观

非洲南部高草原早已成为石头艺术的世界，这也引导人们更多地关注和优化自然景观，如异域森林、自然岩石、天然草坪，都成为设计的重要表现元素。

步骤 1

用铅笔勾勒出多姿多彩的非洲景色。

步骤 2

用钢笔勾勒出前景——地面石头拼花造型。

步骤 3

画出立面石头的厚度。

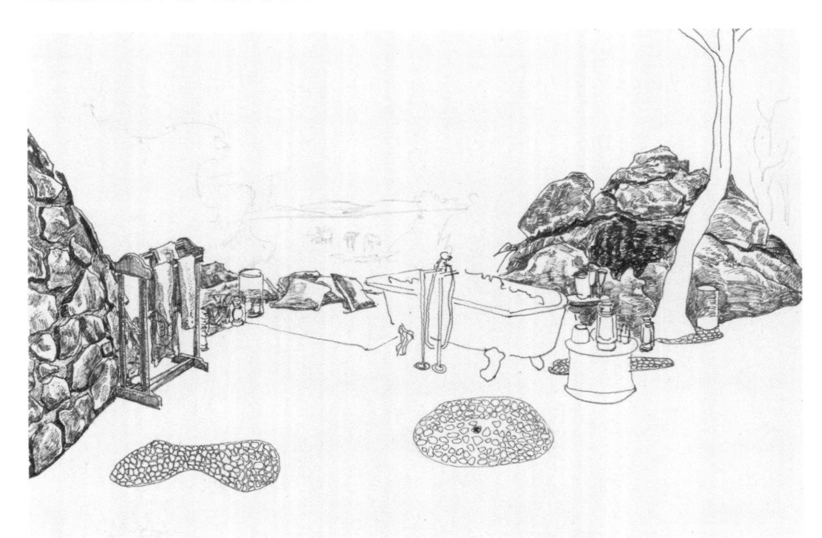

步骤 4

给浴缸和周边设施着明暗。

步骤 5

用简练的线条画出树枝、叶脉，作为场景的点缀。

◎ 完成

7.9 东南亚风情园林

主要以泰国风格为代表，植物以椰子树为代表，讲究生态和自然，用色鲜艳，崇尚手工艺感。与中国传统园林有相似之处，比如讲究曲径通幽、小品化艺术、流水风情等。造型以对称的木结构为主，色彩以温馨淡雅的中性色彩为主。

用放射状的线条画热带植物，用短小笔触画密簇的灌木，将尖顶房屋理解成三角锥体……

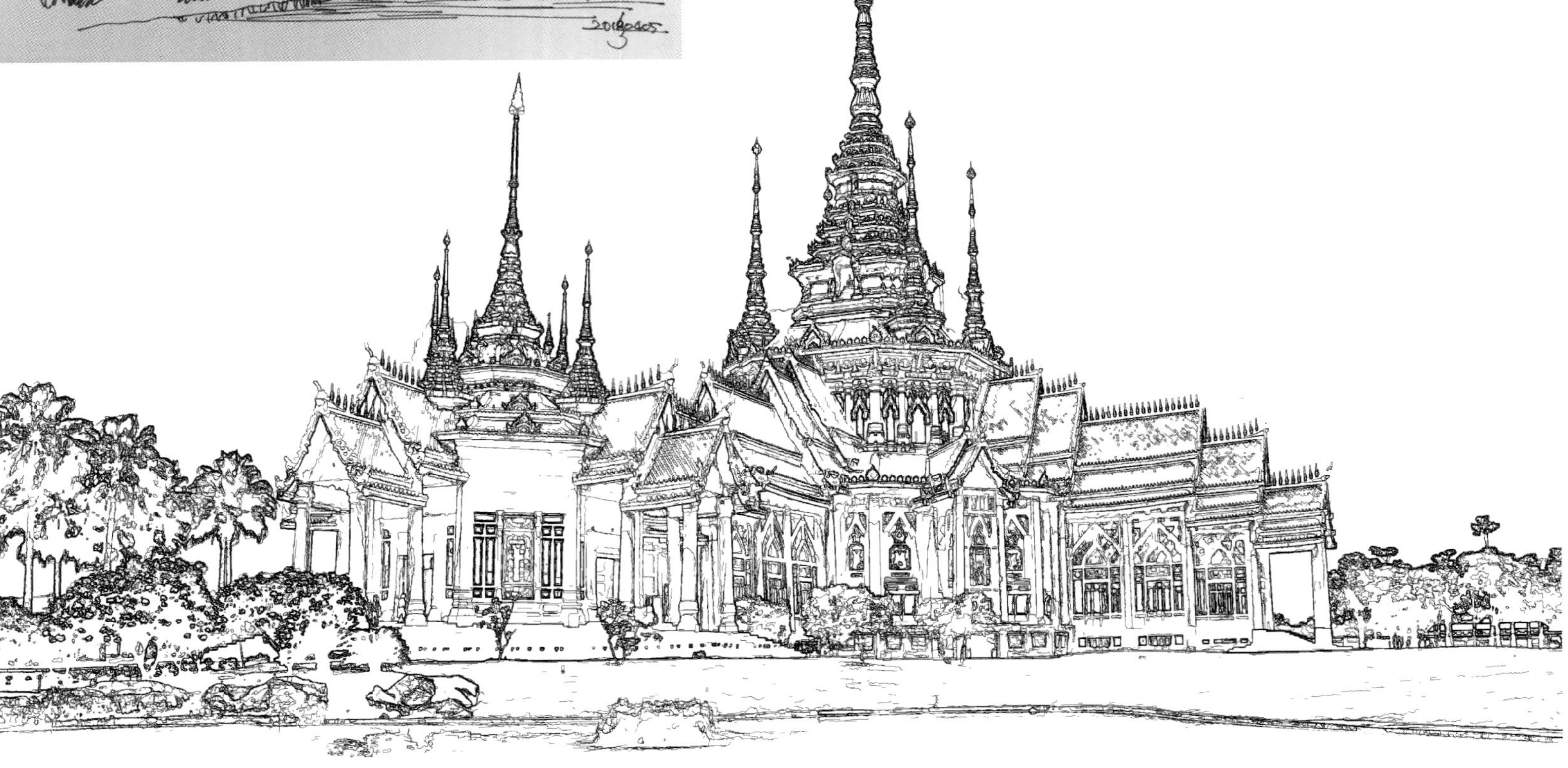

范画

泰姬陵

第8章

风光大片

凉亭浮白，冰调竹树风生。

暖阁偎红，雪煮炉铛涛沸。

——计成《园冶》

8.1 花境、花坛、花台、树篱

花境：

模拟自然界中林地边缘地带多种野生花卉交错生长状态，运用艺术手法设计的一种花卉应用形式，起源于欧洲。一般利用露地宿根花卉、球根花卉及一二年生花卉，栽植在树丛、绿篱、栏杆、绿地边缘、道路两旁及建筑物前，以带状自然式栽种。花境分为单面观赏花境、双面观赏花境。

花坛：

在具有几何形轮廓的植床内，种植各种不同色彩的花卉，运用花卉的群体效果来体现图案纹样，或观赏盛花时绚丽景观的一种花卉应用形式。

花带：

花坛的一种。凡沿道路两旁、大建筑物四周、广场内、墙垣、草地边缘等设置的长形或条形花坛，统称花带。

花缘：

花坛的一种，用比较自然的方式种植灌木及观花草本植物，呈长带状，主要是供从一侧观赏之用。

花台：

一种明显高出地面的小型花坛，面积较小，主要观赏花卉的平面效果。

树篱：

传统花园中起分界线的作用。相比较围墙和栅栏，树篱更天然。

因为各种植物品种繁杂，加上石、水等辅助景观，花境与花台的画法宜综合参照之前各章节提到的要点。另外，不能孤立地画某一棵植物，而是纵观全局，做到主次分明、疏密有致。

步骤1

在水彩纸上，用钢笔简单勾勒定位，尽量少落笔，做到心中有数即可。因为过多的钢笔线条会干扰水彩的表现效果。

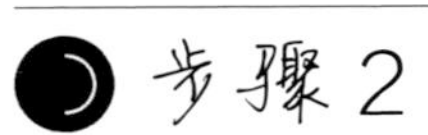

加很多水，用淡彩示意花朵、草地，水彩晕染的效果美极了。此时不必在意具体形态的刻画。

步骤 3

待上个步骤彻底干透后，用较少的水分，开始做第二次晕染。此时通过不同浓淡、笔触，表达出植物不同的形态。

步骤 4

用钢笔辅助勾勒花朵、树叶等前景植株形态，以增强对比度。远景则无需钢笔勾勒。

◎ 完成

范画

山庄（陆佳）

金都佳苑（陆佳）

案例
呼伦贝尔河道航拍

作画知识点

- 河道的画法
- 绿色的层次表现

8.2 浅滩

指海、河或其他水体中浅水的地方。

步骤 1

用大弧度线条勾勒出弯弯曲曲的河道的自然形态。

步骤 2

线条分明、讲究对称，刻画细节。

步骤 3

大面积上色，强调形式上的多变和气氛的渲染，充满强烈的动势和生命力。

步骤 4

云的灰调子较多。云体亮处无论多么浅白，都要充满调子，这样才能与灰暗自然过渡。如果表现起来感觉有难度，浅白的地方可以用橡皮擦拭降调。用色彩进行调整，可以继续深入地刻画某些需要的部位，如暗部的灰度不够，则继续覆盖加深，将这些部位继续往里推，一直推到它应该处在的位置。

◎ 完成

范画

山庄水景（陆佳）

案例

西北第一村白哈巴

作画知识点

- 远山的表现法
- 逆光的画法
- 木屋的画法

8.3 白哈巴村风景

白哈巴村被誉为中国最美的八个小镇之一，图瓦人独特的民族服饰、风俗习惯等受到很多人的青睐。

步骤 1

用钢笔清晰勾勒木质房屋以及周围篱笆、远山。

步骤 2

用棕色系水彩为前景——村民住的木屋上色。屋面在表现时，可以先用较深的墨线，将其基本结构关系勾勒出来。要注意的是，虽然这种屋面的瓦片几乎雷同，但由于时间等诸多因素，导致其不那么整齐划一。刻画时要注意这些变化，切忌雷同。

步骤 3

为木屋的暗部上第二层色，同时为圈养牲畜的栅栏上色。用黄绿色系铺设密密麻麻的金黄色松树林，安宁、祥和的感觉一直延伸到村里。用浅蓝色体现远处的大山若隐若现的感觉。

步骤 4

笔尖沾墨水时，也应该控制墨水量，尽量少沾，沾了以后要一鼓作气画完，然后再沾墨水。从刚沾水后的较深的线条到笔尖枯干，这种（排）线条变化要运用并呈现在整个刻画过程中。某些比较深的部位，可以用相同的方法，反复刻画，直到基本满意为止。在用钢笔深入刻画的同时，也通过水彩加以表达。

◎ 完成

范画

上：幼儿园
下：碎石公园（陆佳）